森林之秋

［苏］ 比安基◎著

周丽霞◎编译

汕頭大學出版社

图书在版编目（CIP）数据

森林之秋 /（苏）比安基著；周丽霞编译. -- 汕头：
汕头大学出版社，2018. 3（2022.1重印）

ISBN 978-7-5658-3403-5

Ⅰ. ①森… Ⅱ. ①比… ②周… Ⅲ. ①森林-青少年
读物 Ⅳ. ①S7-49

中国版本图书馆 CIP 数据核字（2018）第 007081 号

森林之秋　　　　　　　　　　　　　SENLIN ZHIQIU

作　　者：（苏）比安基

编　　译：周丽霞

责任编辑：宋倩倩

责任技编：黄东生

封面设计：三石工作室

出版发行：汕头大学出版社
　　　　　广东省汕头市大学路 243 号汕头大学校园内　邮政编码：515063

电　　话：0754-82904613

印　　刷：三河市天润建兴印务有限公司

开　　本：690mm×960mm 1/16

印　　张：12

字　　数：173 千字

版　　次：2018 年 3 月第 1 版

印　　次：2022 年 1 月第 2 次印刷

定　　价：59. 80 元

ISBN 978-7-5658-3403-5

导 读

维·比安基（1894—1959）是前苏联著名儿童文学作家，曾经在圣彼得堡大学学习，1915 年应征到军校学习，后被派到皇村预备炮队服役，二月革命后被战士选进地方杜马与工农兵苏维埃皇村执行委员会，苏维埃政权建立后，在比斯克城建立阿尔泰地志博物馆，并在中学教书。

维·比安基从小热爱大自然，喜欢各种各样的动物，特别是在他父亲——俄国著名的自然科学家的熏陶下，早年投身到大自然的怀抱当中。

27 岁时，维·比安基记下一大堆日记，积累了丰富的创作素材。此时，他产生了强烈的创作愿望。1923 年成为彼得堡学龄前教育师范学院儿童作家组成员，开始在杂志《麻雀》上发表作品，从此一发而不可收，仅仅是 1924 年，他就创作发表了《森林小屋》《谁的鼻子好》《在海洋大道上》《第一次狩猎》《这是谁的脚》《用什么歌唱》等多部作品集。

从 1924 年发表第一部儿童童话集，至 1959 年作家因脑出血逝世的 35 年的创作生涯中，维·比安基一共发表 300 多部童话、中篇、短篇小说集，主要有《林中侦探》《山雀的日历》《木尔索克历险记》《雪地侦探》《少年哥伦布》《背后一枪》《蚂蚁的奇遇》《小窝》《雪地上的命令》以及动画片剧本《第一次狩猎》等。

1894 年，维·比安基出生在一个养着许多飞禽走兽的家庭里。他父亲是俄国著名的自然科学家。他从小喜欢到科学院动物博物馆去看标本。跟随父亲上山去打猎，跟家人到郊外、乡村或海边去住。

在那里，父亲教会他怎样根据飞行的模样识别鸟儿，根据脚印识别野兽……更重要的是教会他怎样观察、积累和记录大自然的全部印象。比安基 27 岁时决心要用艺术的语言，让那些奇妙、美丽、珍奇的小动物永远活在他的书里。只有熟悉大自然的人，才会热爱大自然。著名儿童科普作家和儿童文学家维·比安基正是抱着这种美好的愿望为大家创作了一系列的作品。

9 月，树叶儿纷纷落下来，天空的白云也变得忧伤了，秋风呼呼地刮着。就这样，秋季的第一个月来了。

雨燕已经离开我们了。家燕也在和其他候鸟准备集合出发，到晚上的时候，它们就悄悄地开始了新的旅程。天空变得空旷无声了，河水也变得越来越冰凉了，我们也不再喜欢去河里游泳了……和春天一样，森林通讯员又给我们发来了电报，这些电报在随时向我们汇报森林中的奇闻轶事。

候鸟像春天一样，又开始了大规模的搬家旅程，不过，这一次它们是从北方往南方搬。就这样，秋天正式开始了。

作者采用报刊的形式，以春夏秋冬 12 个月为序，向我们真实生动地描绘出发生在森林里的爱恨情仇、喜怒哀乐。

阅读这本书，你会发现所有的动植物都是有感情的，爱憎分明，它们共同生活在一起，静谧中充满了杀机，追逐中包含着温情，每只小动物都是食物链上的一环，无时无刻不在为生存而逃避和猎杀，正是在这永不停息的逃避和猎杀中，森林的秩序才得到真正有效的维护，生态的平衡才得以维持。

然而如果我们仅仅把自己当做俯视一切的自然秩序之上者，那么阅读中一定会失去很多感动与震撼的心灵体验，甚至被书中的小动物们骂成"无情的两足无毛冷血动物"。

目　录

森 林 报

No. 7

9 月 21 日——10 月 20 日

候鸟离家月
（秋季第一月）

太阳进入天秤宫

一年 12 个月的阳光组诗

9 月，树叶儿纷纷落下来，天空的白云也变得忧伤了，秋风"呼呼"地刮着。 就这样，秋季的第一个月来了。

跟春天一样，秋天也有自己的工作时间安排，但是，它们的顺序却恰恰相反，秋天的工作是以相反的步骤进行的。 秋天的树叶慢慢开始变颜色了，从黄到红，最后变成褐色的了。 因为得到的阳光越来越少，它们也开始枯萎了，碧绿的颜色也慢慢褪去。 原本牢牢生长在树枝上的叶柄，现在也变得脆弱无力了。

有的时候，没有一丝风，那些树叶也会自己离开树枝，飘飘荡荡地落在地面了——你看，这里有一片金黄的桦树叶儿在悄悄地飘向地面，那里又有一片红艳艳的白杨树叶儿在半空中游荡，它们就这样纷纷地投向大地母亲的怀抱。

清晨，当你睁开蒙眬的睡眼，就会惊奇地发现，草地上铺上了一层白霜，于是，你在日记里写到："秋天到了！"从那一天开始，准确地说是从那一夜开始，秋天开始了。 通常，第一次霜降都是在黎明到来以前。 当然，秋天才刚刚开始，尽管有很多树叶开始飘落，但是，那些"呼呼"作响的秋风，还没有把森林那条漂亮的绿色裙子染成黄褐色。

雨燕已经离开我们了。 家燕也在和其他候鸟准备集合出发，到晚上的时候，它们就悄悄地开始了新的旅程。 天空变得空旷无声了，河水也变得越来越冰凉了，我们也不再喜欢去河里游泳了……

突然，又出现了晴朗、温和的好天气，连续好几天都是这样，这仿佛是夏季在挥别那一瞬间的回眸。 蛛丝在空中飘荡着，一根根都泛着银光。 田野里也出现了一抹清鲜的新绿，嫩绿的芽儿在阳光下，迎风闪耀。

"夏婆婆回来了！"村里的人们都开心地笑了，他们喜悦地看着那一片生机盎然的农作物。

森林里的动植物也开始为漫长的严冬做准备了。 正在孕育的那些小生命都安全地藏了起来，它们躲在妈妈温暖的怀抱里，享受着关怀备至的呵护，期待着来年的新生。

兔妈妈们似乎不甘心就这样进入秋天，它们又生下了一窝小兔子！ 人们称这些兔子是"落叶兔"。 这时候，一些柄很细的蘑菇也长出来了。 夏季是真的过去了。

这是候鸟离家的月份。

和春天一样，森林通讯员又给我们发来了电报，这些电报在随时向我们汇报森林中的奇闻轶事。 候鸟像春天一样，又开始了大规模的搬家旅程，不过，这一次它们是从北方往南方搬。

就这样，秋天正式开始了。

森林记事

森林里的电报（一）

那些穿着五颜六色的漂亮衣裳的鸟儿都飞走了。它们是在半夜的时候离开的，所以它们出发时的状况我们没有看到。

那些鸟儿选择夜间飞行，是因为夜间比白天安全。游隼、老鹰等凶猛的禽类早就从丛林里飞出来了，它们在半路上等候着那些迁徙的鸟儿！令人欣慰的是，那些猛禽在夜间拿这些迁徙的鸟儿没有办法，因为它们不像迁徙的鸟儿那样，能在黑夜里分辨出前进的方向。

那些迁徙的野鸭、大雁、鹬等，成群结队地飞行在海上的长途航线之中，它们依旧会在春天飞过的地方歇息。

森林里的叶子在慢慢变黄，兔妈妈又生下了 6 只小兔子，这是今年最后一批新生儿，我们都叫它们"落叶兔"。

在海湾内的淤泥岸上，有十字形的小脚印，星星点点。我们在岸边搭上了一个小棚子，打算暗中观察一下，看看到底是谁那么淘气，留下来那么多小点点。

告别之声

白桦树上的叶子已经掉落得差不多了。椋鸟巢孤单地随着光秃秃的树干左右摇晃，它的主人早就已经抛弃了这座小房子。

忽然，有两只椋鸟飞了过来。雌鸟一钻进巢里就开始忙活了。雄鸟停靠在枝头，它不时地四处张望……接着就开始引吭高歌了！不过，声音不是很高，样子看起来十分的怡然自得。

雄鸟的歌刚唱完，雌鸟就从巢里钻出来了。雌鸟又匆匆忙忙地朝鸟群中飞去，雄鸟也跟着飞了过去。不在今天，就在明天——它们要远行了。

就在今年夏天，他们还在这所小房子里孵化出了自己的几只小鸟，现在，它们要跟自己的老房子说再见了。

这是它们的老家，它们不会忘记，明年春天它们还会回到这里。

晶莹的清晨

9月15日，秋高气爽。跟往常一样，天微微亮我就跑到了花园里。

在室外，我抬头就能看见高旷的天空，空气里飘荡着一丝丝的凉意。乔木、灌木，还有草丛里，都挂满了银色的蜘蛛网，一只只小蜘蛛就匍匐在那一张张小网之间。

在两棵小云杉的树枝之间，一只小蜘蛛编织了一张漂亮的银色小网。晨露落在这张网上，就像玻璃似的，仿佛一触摸就能使它破碎。而蜘蛛缩成一个小球的样子，纹丝不动，好像僵硬了一般。不知道是不是因为苍蝇还没有飞出来，所以它干脆就睡觉，还是因为它太冷了，被冻僵了，或者被冻死了？

我用小指头轻轻地碰了一下小蜘蛛。它抵挡不了，如同一粒小石子一样掉在了地上。我看到它落地之后，立马张开了爪子，一溜烟似的爬走了。

真是一个狡猾的小家伙！

我关心的是，它还会回到这张网上来吗？它还能找到这张属于它的网吗？或者干脆就重新编织一张网？要是那样的话，是不是又得付出很多心血啊——它要来回地跑来跑去，打结吐丝，编织一个新网，这真的不是一个小工程！

露珠儿挂在细细的青草尖上，像长长睫毛下的泪珠儿。它们迎着清晨的第一缕阳光，闪烁着，放出喜悦的光辉。

道路边上的几朵野菊花，耷拉着它们的裙子——花瓣，期待着阳光能带给它们温暖。

空气里弥漫着丝丝的凉意，但是非常纯净，一切就像是在玻璃的世界之中，那些绚丽夺目的树叶，还有那些被蜘蛛网和露珠儿蒙盖着的闪烁着银辉的青草，包括那些夏天里你看不到的湛蓝的小河，一切的一切，都美得令人陶醉。

硬要说有什么丑陋的地方，那就是蒲公英，它的冠毛杂乱地粘在一起了，浑身被露水打得湿漉漉的。还有一只可怜的灰蛾，它的脑袋残破不堪，应该是被鸟儿啄的。回想在夏天的时候，蒲公英是多么的神气啊，它头顶着千千万万张小降落伞，微风一吹，威武极了！夏天的灰蛾曾经也十分可爱，全身毛茸茸，脑袋光溜溜，给人感觉干净清爽。

真是些可怜的小家伙，我忍不住把灰蛾放在蒲公英身上，久久地把它们放在手心，好让已经升到森林上空的阳光能帮它们驱除湿冷。经过阳光的照耀，原本湿漉漉的蒲公英和灰蛾慢慢地恢复了活力。蒲公英头顶上的小降落伞变干了，显露出了原本白色和轻盈的身躯，微风拂过，它们轻轻地飘向了天空；灰蛾的翅膀也变干了，整个身躯从内部开始变得饱满，有活力，它又恢复了毛茸茸、青颜色的样子。这两个可怜的小家伙恢复了它们原本漂亮的面目了。

就在附近，我好像听到了黑琴鸡的"咕噜"声。

我朝旁边的灌木丛走去，试图在灌木丛后边，看看它在秋天是怎样表演春天的那些歌舞的。

可是就在我试图再靠近一些的时候，黑琴鸡突然"嗖"的一下从我的脚下飞走了，我被它的振翅声吓了一跳。

原来，它就在我的脚下。我还以为它在离我很远的地方呢！

忽然，一阵吹喇叭似的鹤鸣声从远处传来——原来是一群鹤正从森林的上空飞过。

它们正在离开我们……

◉森林通讯员　维利里卡

水中旅行

草儿仿佛有气无力地低着头，就要枯萎死去。

秧鸡是出了名的飞毛腿，此时的它们也开始了搬家的旅程。

矶凫和潜水鸭正在海上长途的飞行路线上。它们不会一直都用翅膀，有时也会潜入水底去捕鱼，就这样，它们边游边飞，游过了水湾与湖泊。

它们的身子灵巧极了，稍微一低头，再用像桨一样的脚蹼用力一划，就能够轻易地钻到很深的水底。它们完全不用像野鸭那样，得先在水面上做好抬头挺胸的姿势，然后才能使劲地往水里扎。而矶凫和潜水鸭在水底犹如在家里一样来去自如，它们游得相当快，甚至可以超过鱼游的速度，那些猛禽即使是在水下也拿它们没有办法。

当然，比起飞得快的猛禽，它们飞翔的本领还差了很多。实际上，它们也没必要冒着危险飞到天空中去。只要能游泳，它们就尽量游着进行它们的长途旅行。

林中勇士的决斗

黄昏时分，一阵阵低沉嘶哑的吼叫声从森林里传了出来。

林中勇士——公麋鹿——从密林深处走了出来，它们长着锐利

的犄角，身材高大威猛。

那一阵阵的低吼声仿佛是从他们的胸腔中迸发出来的，这是它们用来向敌人挑战的讯号。

在空地上，勇士们相遇了。 它们奋力地用蹄子刨着地，左右摇晃着它们那笨重的犄角，一副势不可挡的样子。 它们的双眼布满了血丝，它们低着头，彼此凶猛地向对方扑去，大犄角在拼命地撞击着、钩缠着，发出了劈裂声和"嘎嘎"的声音。它们就这样来回用庞大的身躯使出了浑身解数向对方猛撞过去，企图将对方的脖子扭断。

它们时而分开，时而猛冲上前，谁也不肯认输，只见它们一会儿前身向下倾斜，一会儿蹬直了后腿，做出用犄角猛撞的姿势。

它们硕大的犄角在撞击的时候，发出了轰隆隆的声音，响彻整个森林。 人们称呼这种公麋鹿为犁角兽，那是因为它们的犄角非常宽阔、硕大，就像一把犁一样。

一些战败的公麋鹿会慌忙地逃走，还有一些则因为受到了致命的撞击，无力逃走，于是它只能任凭战胜的公麋鹿用锋利的蹄子把它踢死。

接下来，巨大的吼声又在森林里响起来了，那是犀角兽胜利的"号角"声。

在森林的深处，有一只没有犄角的母麋鹿在等待着这位胜利的勇士，战胜的公麋鹿成了这一领地的主人。它拒绝任何一只公麋鹿踏进它的领土，哪怕是一只年幼的小麋鹿，只要被它发现，它就会把它们撵走。

战胜的公麋鹿又发出它那嘶哑的吼声，如惊天动地的雷声般震撼着整个森林。

最后一些果酱

沼泽地里的那些越橘熟了，它们是长在泥炭的草墩上的，那些浆果一直垂到了长满了青苔的土墩上，在很远处就可以看见浆果了，但却看不见长浆果的是什么，走近了才知道还有一些细的像线一样的茎蔓延在青苔的"垫子"上，茎的两边长着些很小却很硬的叶子。

这就是那些越橘的样子了。

◉尼·巴布罗娃

候鸟出发

有一批长着翅膀的旅客会在每个夜晚整装出发，它们慢慢地，很闲情地在空中飞着，中途休息的时间很长——和春天回来的样子截然不同，看来它们很不乐意离开自己故乡。

出发的顺序和春天正好相反，那些颜色鲜艳的鸟都是最先飞走，而春天最先来的燕雀、百灵、鸥鸟却是最后才飞走。有些鸟是由年轻的开路。而燕雀是雌的比雄的先飞走。那些强壮的、健硕的鸟通常会在故乡停留得久一些。

大部分鸟儿是直接飞到南方，如法国、意大利、西班牙和非洲一些国家。向东飞的鸟儿越过乌拉尔、西伯利亚，最终到达印度；还有一些鸟儿甚至会飞到美洲去。一飞就至少是几千千米的路程。

等待秋风的帮忙

乔木、灌木和草儿都在忙着准备安置自己的种子。

槭树枝上的翅果已经成熟了，果壳也裂开了，只差秋风帮助它们撒播出去。

草儿也在期待秋风的到来：它那长长的茎上顶着干燥的花朵露出一丝丝纤细的灰色绒毛；比草儿更高一些的香蒲，脑袋上也顶着褐色的小"棉帽"；山柳菊枝头上的小球，毛茸茸的，只要天气晴朗，秋风一吹，它们就会随着风儿撒播出去。

其他的草儿，它们的种子都会拖着长长的细毛，长短不一样，形状也不一样，普通的，羽毛状的都有。

收割完庄稼的稻田里、路边和水沟边，长满了各式各样的野花杂草，它们期待的不是秋风，而是四条腿的动物和两条腿的人。比方说，带刺的牛蒡的花盘，里面装满了有菱形的种子；金银花的果实是黑色的、三角形的，它们喜欢戳在路人的袜子上；果实带着钩刺，最喜欢钩住人的衣服，非得用上毛绒刷才能把它摘下来。

◉尼·巴布罗娃

森林里的蘑菇

整个森林现在都是光秃秃、湿漉漉的，还散发出烂叶子的味道，但密集在树墩上的洋口蘑，看着使人很欣慰：有的长在树干上，泥土上偶尔也会长出来一些，它们似乎是在离群索居。

只要你看上一眼，你就会觉得很开心，一会儿工夫就能采上一篮，而且还是专挑好的采呢，真是叫人痛快。

漂亮的小洋口蘑，戴上了一个紧紧的帽子，就像小孩子的小圆帽，脖子上还戴着一条白白的小围巾。没过几天，帽子的边缘就会往上翘，于是原来的小圆帽就会变成一顶小礼帽了；围巾也变成一条领子了。

洋口蘑的帽子布满了小鳞片。帽子的颜色很难确定，但却是一种叫人看了很惬意的淡褐色，洋口蘑的帽子下面菌褶颜色是不一样的，小洋口蘑是白色的，老洋口蘑是淡黄色的。

你发现了吗？在老菌帽盖到小菌帽的时候，小菌帽的表面就像施了一层粉一样。你一定会感到惊讶："它们不会是长霉了吧？"不过，你很快就会记起来："那是孢子啊！"没错，那就是老菌帽下面撒下来的孢子。

你要想吃洋口蘑，就必须了解它们的所有特征。人们通常都会把毒菌误认为是洋口蘑。毒菌也会像洋口蘑一样，生长在树墩上。但是，毒菌的菌帽下是不会有领子的，也不会有鳞片；菌帽的颜色非常鲜艳，黄的、粉红的；帽褶的颜色要么是黄色的，要么是浅绿色的；而孢子是墨黑色的。

●尼·巴布罗娃

森林里的电报(二)

在埋伏的地方,我们看到了谜底,那些在海湾的泥岸上的十字形脚印和小点点原来是滨鹬留下来的。

淤泥堆积而成的海湾是它们的驿站,它们在这里落脚、休息和寻找食物。它们尽情地迈开自己的大长腿,悠闲地踱着步子,在这片潮湿的淤泥上,留下了一个又一个三趾叉开的脚印。它们还时常把长长的嘴巴插进淤泥里,啄出肥肥的小虫子当早餐,于是嘴巴啄过的地方,也会留下一个个小点点。

我们捉住了一只鹤,我把它安置在我们家的房顶上,整个夏天它都在那里生活。我还在它的脚上戴上了一个非常轻巧的铝制金属环——并且刻上了"莫斯科,鸟类研究会,A 组第 195 号"的字符。 之后,我们把它放走了,让它戴着我们的环飞走了。 假如有人在它过冬的地方捉住了它,我们就能知道,我们这里的鹤是在什么地方过冬。

森林里的所有树叶都已经变换了颜色,并且开始脱落。

◉森林报特约通讯员

城市新闻

强盗的袭击

大白天，我们也能在彼得格勒的伊萨耶夫斯基广场上看到一出"强盗"的袭击。

一群鸽子在广场上飞了起来。突然，一只大隼迅速地从伊萨耶夫斯基教堂的圆屋顶上飞了过来，它直接扑向了鸽子群中的一只鸽子，就在那一瞬间，空中扬起了一大堆的绒毛。

人们眼巴巴地看着大隼啄死了那只被扑住的鸽子，然后用爪子抓住那只鸽子，吃力地飞回了教堂的圆顶上；那群受惊的鸽子都飞到了一栋大房子的屋顶上，躲藏了起来，它们害怕极了。

广场上的群鸽是最容易吸引路过的大隼的，我们城市的上空是大隼们的必经之地，而教堂的圆顶上或者是钟楼上，就是那些大隼伏击的驻扎地，而这也是它们袭击鸽子的最佳位置。

夜幕里的侵袭

这些日子里，居住在郊区的人们几乎每天晚上都在恐慌中度过。

在晚上，人们总是能听到嘈杂的声音，他们从床上跳下来，把头向窗外伸去，想一探究竟，看发生了什么事？

只见家禽在院子里扑扇着翅膀，鸭鹅都在"嘎嘎"地叫着。难道有黄鼠狼进来吃它们吗？还是狐狸进来了？

有这石头堆砌的院墙和铁门，它们怎么可能钻进来呢？

主人仔细地把整个院子查看了一遍，连家禽栏都仔细地检查了一番，可是所有的一切看起来似乎没有什么不一样。什么野兽能穿过这坚固的铁门呢？或许只是家禽做了个噩梦而已，

你瞧，很快它们便安静下来了。

主人又安心地回到房间睡觉了。

但是，一个小时后，家禽"嘎嘎"的嘈杂声又响起来了，而且，惊慌、躁动的声音越来越强烈。

这是怎么搞的呢？ 难道又出什么事了？

主人打开窗户，仔细地听着。 黑乎乎的夜幕里只有几颗星星在闪烁着。 一切又是那么的寂静。

然而，没过多久，空中出现了一道黑乎乎的影子，一闪而过，接着又是一道又一道地把闪亮的星星都掩盖住了。 还时不时地传来一些既模糊又断续的呼啸声。 呼啸声在高高的夜空中回荡着。

家鹅和家鸭都被这呼啸声惊醒了，这些家禽开始失去了平日的温顺，它们不停地煽动着翅膀，踮起脚尖，还伸长脖子叫嚷着，那叫声是那么的凄凉和悲哀。

它们那些在高空自由飞翔的伙伴们，在黑漆漆的高空中回应着它们。 一群群有翅膀的旅行者们正从铁顶房和石头房上空飞过。 野鸭扑扇着翅膀发出"噗噗"的声音，大雁和雪雁也发出呼喊声，与它们交相呼应着。

"'嘎，嘎，嘎'，走吧，走吧，这里太冷了，又没有食物！ 走吧，走吧！"

候鸟响亮的"嘎嘎"声消失在天际，而那些已经不会飞行的家鸭和家鹅们只能在石头堆砌的院子里来回折腾。

森林里的电报(三)

早霜降临了。

一些灌木的叶子似乎被刀子削过了。树叶儿也纷纷飘落。

蝴蝶、苍蝇和甲虫都各自躲起来了。

有的鸣禽慌忙地飞过丛林和小树林，它们非常饥饿，准备到南方去寻找食物。

只有鹩鸟不担心没有食物。它们正成群结队地向一片果林飞去。

寒冷的秋风在落尽树叶的森林里呼啸着。树木都沉睡着，鸟儿的歌声也消失了。

山鼠

在挑选马铃薯的时候，我们听到了牲畜栏里传来了"沙沙"的响声。似乎有什么东西在转动。接着有一只狗跑来了，它蹲在发出声音的地方，用鼻子嗅了起来，那个小东西仍在原地攒动着。狗开始刨起地来了，并发出"汪汪"的叫声。等狗刨开了一个小坑的时候，才可以看到小东西的一点点脑袋。狗继续刨，终于把小东西拖出来了。小东西拼命地咬它。狗把小东西摔了出去，然后冲着它大声的吠了起来。小东西跟小猫差不多大，它的毛是灰蓝的，还有一些黄、黑、白相间的杂色毛。人们管这种小动物叫山鼠。

蘑菇被我遗忘了

9月的一天，我和同学们结伴到森林里采蘑菇。 一进森林就有4只榛鸡被我们吓跑了，那是四只灰色的，脖子短短的榛鸡。

我们继续采蘑菇，突然，一条挂在树桩上的死蛇映入了我们的眼帘，这条蛇已经风干了。 树桩上有一个黑乎乎的洞，里面不时地传来了"嘶嘶"的声音。 我们猜想，这一定是个蛇洞，就连忙离开了这个令人害怕的地方。

接下来，我们走到了一块沼泽地附近，在这里我们看到了从未见过的动物——沼泽地上飞起了7只绵羊似的大鹤——这种动物我只在课本上的图画里看到过。

伙伴们都采了满满的一篮子蘑菇，而我却一直在森林里跑来跑去。 树林里的景象实在太使我着迷了，随处可见鸟儿在尽情地飞舞、歌唱。

在回家的路途上，我们看到了一只灰兔子在我们的跟前蹿了过去，它的脖子和后腿是雪白的。

在那棵有蛇洞的树桩附近，我们选择了从旁边绕行。我们还看见了一群大雁，它们正从我们的村庄上空飞过，还"嘎嘎"地大声叫着。

●森林通讯员　别兹美内依

喜鹊

春天的时候，村庄里的孩子捅坏了一个喜鹊巢。我从这些孩子的手中买下了一只小喜鹊。我用了一天的时间就把它调教好了。第二天，它就敢落在我的手中吃东西、喝水了。我们给这只喜鹊取了个名字叫"淘气包"。小喜鹊习惯了这个称呼，一叫它，它就会回应我们。

小喜鹊的翅膀长结实以后就特别喜欢飞落在门框上，并站在那里。而我家的厨房就在门对面，厨房里摆着一张桌子，桌子的里面有一个抽屉，这是一个用来装食物的抽屉。拉开抽屉，喜鹊就会从门框上飞下来，钻到抽屉里啄食物。有的时候，我们把它从抽屉里拖出来，它还会叫嚣着不肯出来。

我去打水的时候，通常都会朝着它喊一声："淘气包，跟我走！"

它就会立马落在我的肩膀上，跟着我走。

吃早餐的时候，喜鹊总是第一个开始忙碌的——它又是抓糖，又是抓面包，甚至还会把爪子伸到热牛奶里。

最好玩的是我在菜园里给胡萝卜地除草的时候。"淘气包"会蹲在垄上观察我的一举一动。 过了一会儿，它就会学着我的样子把那些绿色的根茎一根根地拔出来，然后把它们拢成一堆——它在帮我除草呢！

只不过，它分不清楚什么该拔，什么不该拔，它把杂草和胡萝卜一起拔出来了。

●森林通讯员　薇拉·米赫耶娃

寻找栖身之地

天越来越冷了，真的变冷了。 多姿多彩的夏天悄然地离开我们了。

血液似乎被冻住了，一切都是那么的懒洋洋，动物仿佛都变得嗜睡了。

躲在池塘里的、长尾巴的蝾螈，自从夏天进入池塘以后，就再也没有出来过。 现在，它爬上了岸，一直爬到了森林里。

它找到了一个腐烂的树桩，然后往树皮底下一钻，缩做一团，这里就成为它新的栖身之地。

青蛙选择了跟蝾螈完全相反的方法，它从岸上跳进了池塘，深深地钻进了池底的淤泥里。 蛇和蜥蜴躲在了树根底下，树根地下的青苔就是它们温暖的栖身之地。 鱼儿们集体挤在河底的深处，或者是一些深坑里。

苍蝇、蝴蝶、蚊虫和甲虫，全都躲在树皮和墙壁的缝隙里。 蚂蚁封锁了它们进出的所有大门，那100多道进出的大门把它们围得严严实实，它们就拥挤地躲在城中的最中央，纹丝不动地进入冬眠。

忍耐饥饿的时间到了！

飞禽走兽——热血动物——它们倒是不会太惧怕寒冷。 只要有食物，它们就会保持身体的热度；有食物，它们的身体里就像生了一个火炉一样精力充沛。 然而，只要寒潮侵袭，它们依旧会面临饥饿的苦恼。

因为苍蝇、蝴蝶、蚊虫和甲虫都躲起来了，蝙蝠失去了可靠的食物来源。 于是，蝙蝠只好躲在树洞、石穴、岩缝里和阁楼的屋顶上面。 它们用后脚爪抓住一些牢固的东西，头朝下倒挂了起来。 通常，它们还会用自己的翅膀把自己包裹起来，仿佛是披了一件斗篷——就这样，它们也进入了冬眠。

青蛙、癞蛤蟆、蛇、蜥蜴、蜗牛，都找到了自己的栖身之地。 刺猬也躲进了树根下的草窝里。 獾绝不会轻易出洞。

候鸟启程飞往过冬的地方

从高空中俯瞰秋景

如果能从高空中俯瞰我们这一望无垠的祖国秋景，那该有多么美妙啊！ 乘气球升到高空中，比高耸插入云端的森林还要高，比飘浮的白云还要高，离地面大概有 30 千米吧！ 尽管能升得那么高，也不能看到我们祖国的全部面貌。 不过，假如天空晴朗无云，大地没有被云朵遮蔽，那么视野就会十分开阔。

在高空中俯瞰我们的祖国，你会觉得它整个在移动：咦！在森林、草原、山丘和海洋的上面，有一些东西在移动……原来是鸟儿，成群结队的鸟儿。

家乡的鸟儿，正在离开我们，飞往过冬的地方去了。

当然，也有些鸟儿留下来了——麻雀、灰雀、黄雀、山雀、鸽子、寒鸦、啄木鸟和其他很多种鸟儿，都没有飞走。除了鹌鹑以外，所有的野雉也没有离开我们。老鹰和大猫头鹰也留下来了。不过这些猛禽，冬天待在我们这儿也没有什么事做，于是到了冬天，大部分的鸟儿也会离开我们这里。

这些候鸟的迁徙从夏末就开始了，春天最后飞来的那批鸟儿会最先离开。就这样陆陆续续的，整整一个秋季，直至河水冻冰才会结束。最后飞走的鸟儿，是春天最先飞过来的那些鸟儿——如秃鼻乌鸦、石雀、鸥、野鸭……

什么鸟往哪儿飞

你们是不是认为所有的鸟儿都是从同温层飞往过冬的地方——鸟儿都是从北往南飞？那你们就错了！

各种各样的鸟儿，会选择在不同的时候离开，但是鸟儿们几乎都是在夜间飞走的，这样比较安全。另外，并非所有的鸟儿都是从北方飞到南方去过冬。一些鸟儿会在秋天从东方飞到西方去。还有一些鸟儿恰恰相反——会从西方飞到东方去。我们这里的一些鸟儿，则会一直飞到遥远的北方去过冬！

我们的特约通讯员，会通过无线电报，或者是用无线广播向我们报道：鸟儿们分别飞往哪些地方，包括这些鸟儿们在旅途上的身体状况。

从西边飞往东边的鸟儿

"咯——依！咯——依！"红色的朱雀在互相谈论着。还在8月的时候它们就开始了旅行，波罗的海边、彼得格勒省区和诺甫戈罗德省区，是它们启程的地方。它们一路不慌不忙地飞着：路途上到处都有充足的食物，它们没必要匆匆忙忙的，又不是赶着回老家去筑巢和养育雏鸟！

我们亲眼看见它们飞过伏尔加河和乌拉尔山脉的一座矮矮的山岭；现在，在巴拉巴——西伯利亚西部的草原上空，我们又看到了它们的身影。它们一天天地向东飞去，飞往那太阳升起的地方。巴拉巴草原上遍地都是桦树林，它们就这样越过了一片又一片的桦树丛林。

它们尽量选择在夜间飞行，白天则休息，寻找食物。尽管它们是成群结队地飞行，并且每只鸟儿都会细心地随时留神周围的环境，以防发生不测，但是这种不幸依旧在所难免——任何一个疏忽，都可能让老鹰乘虚而入。生活在西伯利亚的猛禽，比方说雀鹰、燕隼、灰背隼之类的等，简直数不胜数。它们飞行的速度快极了！当小鸟们越过丛林的时候，数不清有多少会被这些猛禽捉去！总的来说，夜间要好很多——毕竟比起那些猛禽来说，猫头鹰的数量并不多。

沙雀会在西伯利亚转向——它们要飞过阿尔泰山脉和蒙古沙漠，最终飞到炎热的印度去过冬。而在这个艰难的旅途之中，不知道还会有多少可怜的小鸟要丧失性命。

铝环 Φ-197357 号的故事

　　我们这里的一位俄罗斯青年科学家，在一只北极燕鸥的脚上套了一只轻巧的小金属环，环的号码是 Φ-197357。 这是发生在 1955 年 7 月 5 日的一件事，地点是北极圈外白海边上的干达拉克沙禁猎区。

　　同年的 7 月下旬，雏鸟才学会飞行，北极燕鸥就成群结队地开始了它们的冬季迁徙。 起初，它们往北飞，飞到白海海域；然后，它们再往西飞，一直沿着科拉半岛北岸飞；之后，它们又转向南面飞，沿着挪威、英国、葡萄牙和整个非洲的海岸飞行。 它们绕过好望角，再往东方飞行，从大西洋直接飞往了印度洋那边。

　　1956 年 5 月 16 日，在大洋洲西岸的福利曼特勒城附近，一位澳大利亚科学家捉住了这只脚戴 Φ-197357 号金属环的小北极燕鸥。 从干达拉克沙禁猎区到福利曼特勒城的直线距离是24000 千米。

现在，这只鸟的标本连同它脚上的金属环，被一起保存在澳大利亚彼尔特城动物园的博物馆里。

从东边飞往西边的鸟儿

每年的夏天，在奥涅加湖上，都要孵化出如同乌云般的大群野鸭和白云般的鸥。 秋天的时候，这些乌云和白云，就要往西边，朝着太阳落下的方向飞去。 成群的针尾鸭和成群的鸥向着过冬的地方出发了。 让我们乘上飞机追踪它们的行程吧！

突然，响起了一阵刺耳的嘶声，你们听见了吗？ 紧接着，是水花溅起的声音、还有鸟儿翅膀的"扑棱"声、野鸭和鸥的声音交错嘶叫着。

这些针尾鸭和鸥，原本想在林中的湖泊上休息一会儿，却遭遇了一只迁徙的游隼的袭击。 游隼如同牧人用力甩长鞭一般的，迅速越过升到空中的野鸭背上，它用最后一个趾头的爪子，就是锋利得如同一柄弯弯的小尖刀一般的爪子，冲破了野鸭群。

一只野鸭受伤了，它长长的脖子像鞭子似的垂了下来，它甚至还没来得及掉入湖水中，就被动作神速的游隼用一个转身的瞬间一把抓住了，接着游隼再用钢铁般的嘴朝着野鸭的后脑一啄，就轻松地获得了一顿午餐了。

野鸭群碰到这种游隼，就像是碰到了瘟神。 和野鸭一样，

游隼也是在野鸭开始迁徙的同一时间从奥涅加湖飞过彼得格勒，飞过芬兰湾和拉脱维亚……它不饿的时候，就停落在岩石或树枝上，漫不经心地望着鸥在水面上翱翔。野鸭在水里翻跟头，望着它们集合出发，继续向西飞行——朝着像个黄球似的太阳降落的波罗的海的灰色海面飞去。尽管如此，只要游隼感觉到饥饿，它就会飞快地赶上那些野鸭，然后又迅速地抓出一只来充饥。

就这样，游隼跟着野鸭群沿着波罗的海岸、北海岸一路飞行，直至抵达不列颠岛，这些有翅膀的瘟神才会停止纠缠。而我们的野鸭和鸥会留在这里过冬，假如游隼喜欢，它也可以跟随其他的野鸭群继续向南飞行——向着法国和意大利飞去，甚至可以越过地中海向炎热的非洲飞去。

一直向北飞往长夜漫漫的北方

供给我们冬衣的那种又轻又暖的鸭绒的多毛绵鸭，在白海的干达拉克沙禁猎区，平安地孵出了它们的雏鸟。这个禁猎区一直以来都在开展保护绵鸭的工作。为了方便了解绵鸭从禁猎区飞到了什么地方去过冬，又有多少绵鸭返回到禁猎区来，大学生和科学家们在绵鸭的脚上套上了带有号码的很轻的金属环，当然，这也非常有助于了解这些珍贵的鸟儿的其他生活细节。

现在，我们已经知道了，绵鸭从禁猎区起飞以后，基本都是一直向北飞行的——飞往长夜漫漫的北方去，飞到居住着格陵兰海豹和时常拖着长长的叹息声的白鲸的北冰洋去。

再过一段时间，整个白海就要被覆盖上厚厚的冰层，绵鸭

在这里过冬的话是找不到任何食物吃的。而在北方，水面一年四季不结冻，海豹和巨大的白鲸可以自由自在地在那里捉鱼吃。

在岩石和水藻上，绵鸭可以啄水里的软体动物吃。这些北方的鸟儿很容易满足的，能吃饱就行了。它们丝毫也不会惧怕那些酷寒的气候、无边无际的汪洋和漫长的黑夜。

它们的绵鸭绒冬衣，密不透风，甚至是一丝寒气也不会渗入，保暖效果举世闻名！毕竟那里还有美妙的北极光呢，还有巨大的月亮和明亮的星星。就算太阳几个月不从海洋里探出头来，那也没有关系。北极的野鸭照样觉得舒服自在，它们吃饱了喝足了，悠然自得的在那儿度过了北极漫长的冬夜。

候鸟搬家之谜

有的鸟一直向南飞，有的鸟却一直向北飞，还有的鸟会一直向西飞，甚至有的鸟会一直向东飞，这是为什么呢？

有的鸟要等到冻冰、下雪、没有食物充饥的时候，才会飞往别的地方去；有的鸟比方说雨燕，却在固定的日期飞往别的地方，并且那个固定的日期通常是丝毫不差的，尽管它们所处的环境周围还有很多食物，这又是为什么呢？

关键是它们是如何知道，秋天应该飞往哪儿去，过冬的目的地又在哪儿，应该沿着哪些路线抵达目的地呢？

令人百思不得其解的事还有很多。 例如：在这里，在莫斯科或彼得格勒附近，孵出来的雏鸟，为什么要飞到南非或印度去过冬。 我们这里有一种飞得很快的小游隼，它从西伯利亚一直飞到澳大利亚去。 可是在澳大利亚住了一段时间之后，它又会返回到我们西伯利亚来，来过我们这儿的春天。

森林大战

（续前）

我们《森林报》的通讯员找到了这么一块地方，在那里，林木大战已经结束了。

这个地方就是我们的通讯员在旅行最初到达的地方——云杉国。

我们采访到的有关这场残酷战争的消息是这样的：在和白桦、白杨的殊死搏斗中，大批的云杉牺牲了性命。但是，云杉取得了最后的胜利。

云杉比敌人年轻，并且云杉的寿命也比白桦和白杨要长。白桦和白杨年老体衰，已经不能再像云杉那样迅速地成长了。慢慢地云杉的个头高过它们很多，它们的头也被云杉毛茸茸的大手掌盖住了，很快，喜光的白桦和白杨就败下阵来，并逐渐开始枯萎。

云杉却在不停地生长。它们的树荫也越来越浓了。树下的地窖也越来越深，越来越黑暗了。凶恶的苔藓、地衣、小蠹虫和小蠹蛾们，在地窖里等待着战败者，死亡也在地窖里等待着战败者。

年复一年……从原来那片阴森森的云杉林被人砍光之后，已经过去了 100 多年的时间。 抢夺那片空地的战争，持续了 100 多年。 如今，耸立在那里的是同样阴森森的老云杉林。

在这片老云杉林里，听不到鸟儿的歌唱，也没有快乐的小野兽走进来安居乐业。 即使是偶然长出了一些各种各样的绿色小植物，没过多久，它们也会相继枯萎死在这阴森森的云杉林里。

冬天到来了。 一到冬天，林木们就会停止战争。 它们累了，需要睡上一段时间。 它们甚至比洞里的狗熊睡得还要沉，如同死去了一样。 它们身体里的树液不再流动，它们不再吸取养分，生长也停止了，它们只是有气无力地呼吸着。

侧耳倾听——万籁俱寂。 仔细一看，这是一个尸横遍野的战场。

我们的通讯员获悉：今年冬天，这片阴沉的云杉林将要被砍伐掉——这里是计划采伐的树林。

明年，一片新的空地将在这里出现，林木种族的大战也将随之而来。

但是这一次，我们将要阻止云杉的胜利。我们会干预这场持续时间很长的惨烈战争，我们要把一些新的林木种族移植在这里，并且关心呵护它们的生长，在一定的情况下，我们会砍掉一些林木顶上的树枝，好让明亮的阳光照射进来。

到那时，一年四季，我们都会听到鸟儿欢快的歌声。

和平树

这段时间，我们学校的同学们，号召莫斯科省拉明斯基区的低年级同学们，每个人都要在植树周种上一棵象征和平的树，并把他们种下的树苗培养长大。小朋友们在学习、生活的过程中，他们的和平树将在校园里陪伴着他们一起成长！

●莫斯科省茹科夫斯基市第四小学全体学生

农庄生活

丰收的农作物收割完了，田野变得空荡荡的。 集体农庄庄员们和市民们已经吃上了新粮制成的馅饼和面包。

峡谷和斜坡上的地里种满了亚麻。 经过一年的风吹、日晒和雨淋，是该把它们收割下来，搬到打谷场上揉搓、去皮的时候了。

孩子们开学已经一个月了。 他们暂时不能帮着大人下地干活了。 庄员们掘收马铃薯的劳动即将结束，他们把马铃薯运到车站去，或者把马铃薯贮藏在干燥的沙坑里。

菜园子也变得空荡荡的。 田垄上，庄员们正在运走最后一批卷得很紧的卷心菜。

秋天种下的庄稼透出了绿油油的颜色。 灰山鹑成群结队地待在秋麦地里，你瞧，每群都有上百来只呢！

打山鹑的季节即将结束。

征服峡谷的勇者

我们的田野里出现了一些峡谷，峡谷不断扩大，集体农庄的地都快被侵吞掉了，为此，庄员们非常着急，孩子们也都跟着大人们一起着急了起来。 在一次队会上，我们专门讨论了应对的办法，以防止这些峡谷继续扩大。

我们一致认为，必须栽些树把峡谷围起来，让树根攀住土壤，以此达到巩固住峡谷的边缘和斜坡的目的。

这次队会是在春天召开的，现在已经是秋天了。 我们专门开垦了一块苗圃地，培育出了一大批的树苗，有不少杨树苗，还有很多藤蔓灌木和槐树。 现在，我们已经移栽好了这些树苗。

几年后，乔木和灌木就可以彻底征服峡谷的斜坡。 至于峡谷嘛，也必然会永远地被我们征服。

●少先队大队委员会主席　柯里稚·阿加法诺夫

收种子

9 月的时候，大多数乔木和灌木，都结出了坚实的种子和果实。 这时候的当务之急，就是要收集种子，越多越好，我们要把这些种子播种在苗圃里，好让它们去绿化运河和新挖开的池塘。

采集乔木和灌木种子的最佳时机，就是在它们完全成熟的时候，也可以在它们刚成熟的时候，最好在很短的时间内采摘完。 尤其是那些尖叶槭树、橡树和西伯利亚落叶松的种子，一定不能耽误了采集的时间。

在 9 月里就可以采集种子的树木有：苹果树、野梨树、西伯利亚苹果树、红接骨木树、皂荚树、雪球花树、马栗树和欧洲板栗树、榛树、狭叶胡秃子树、沙棘树、丁香树、鸟荆子树和野蔷薇。 另外，克里木和高加索常见的山茱萸的种子也可以采集。

我们的办法

现在，我们全国人民都在从事着一项事业，一项宏伟壮丽的事业——植树造林。

春天，我们也过"植树节"。 这一天，是一个真正的植树造林的节日。 在集体农庄的池塘四围，我们种上了树苗，在高耸的河岸旁边，我们也栽上了树苗，好让它们巩固住我们那陡峭的河堤。 学校的运动场也让我们精心地绿化了一番，这些树苗都成活了，一个夏天就长大了很多。

现在，我们又想到了一个办法。

冬天一到，我们田地里所有的道路，就会被风雪掩埋。 并且每年冬天都是这样，我们不得不砍下小云杉的枝条，用它们做围栏，以防止道路被雪掩盖。 还有一些地方，一定得树立路标，否则，行人很容易在风雪中迷失方向。

我们仔细地想了想：一年砍掉这么多的小云杉，实在不应该啊！ 何不一劳永逸地在道路两旁栽种下活的小云杉呢！ 这样一来，那些小云杉既可以保护道路不被风雪掩埋，还可以当做指路标呢！

我们立马行动了起来。

在林子里，我们挖出很多小云杉，然后用筐子运到道路两旁栽种了下来。

我们还细心地为小云杉浇水施肥，这些小树苗儿在新的驻扎地欣然地成长起来了。

●森林通讯员　万尼亚·札米亚青

农庄新闻

精选母鸡

昨天，在养禽场，饲养员精心挑选出了最好的母鸡，用一块木板把它们小心地赶到一个角落里，再把它们一只一只的提出来，交给专家鉴定。

专家抓住了一张嘴长身细的母鸡，它那小小的冠子的颜色非常淡，两只瞌睡的眼睛显得死气沉沉，那眼神似乎在问："干吗要打扰我？"

专家把这只母鸡交饲养员，说："这种呆鸡，我们不要。"

专家又接过一张嘴短眼睛大的小母鸡。它的脑袋又宽又大，鲜红的冠子歪在一旁，两只眼睛炯炯有神。母鸡拼命的挣扎，还发出不满的叫声，似乎在说："撒手！撒手！不要抓我！不要打扰我，你不挖蚯蚓吃，难道还不让我挖吗？"

专家立马说："这只鸡好，它的产蛋量一定多。"

原来，精力充沛的母鸡，下的蛋往往更多更好。

搬家

春天，小鲤鱼的妈妈在小池塘产下了一批卵，这些卵孵出了 70 万条鱼苗。

这个小池塘没有其他的鱼，它们一家子全都生活在这个池塘里——70 万个兄弟姊妹。大约十天以后，它们感觉到了拥挤，于是它们搬到了夏季的大池塘里去了。它们就在这个大池塘里生活成长，还没到秋天，人们就已经称呼它们为鲤鱼。

现在，小鲤鱼又准备搬到冬季的池塘里去了，过完这个冬天，它们就满一岁了。

星期天

星期天，学生们去帮助农庄收获肉质根类作物，如甜菜、冬油菜、芜菁、胡萝卜和香芹菜。孩子们惊讶地发现，芜菁比最大的小学生瓦吉克的头还要大一些，最让他们惊讶的是巨大的胡萝卜。

葛娜把一根胡萝卜立在她的脚旁边，这根胡萝卜居然跟她的膝盖一样高！胡萝卜的上半截有一个巴掌那么宽。"古代的人，一定是用这种根去打仗，"葛娜说，"可以用芜菁代替手榴弹袭击敌人。肉搏战的话，只要用这种大胡萝卜朝敌人的脑袋一敲，绝对很好使！"

"在古代，根本培育不出这么大的胡萝卜啊！"瓦吉克立马提醒葛娜。

把小偷关在瓶子里

集体农庄的养蜂员说:"把小偷关在瓶子里。"

因为天气非常冷,蜜蜂都待在蜂房,没有被放出来。黄蜂在等待时机。它们飞到养蜂场企图偷蜂房里的蜂蜜。它们还没有赶到蜂房旁边,就闻到了一阵蜂蜜味,它们发现养蜂场上摆着不少装着蜂蜜水的瓶子。于是,黄蜂改变了主意,它们不去蜂房里偷蜂蜜了。或许它们觉得从瓶子里偷蜂蜜更保险一些。

它们试探着钻进瓶子里去了,却一不小心淹死在蜂蜜水里了——它们中圈套了。

◉尼·巴布罗娃

追猎

上了当的琴鸡

入秋的前夕，一大群硬翅膀的黑色雄琴鸡、浅棕黄色带斑点的雌琴鸡，还有刚刚长大的幼琴鸡集合在了一起，闹哄哄地飞到了浆果树丛里。

它们分散在这片浆果树丛里，有的啄坚硬的红越橘，有的用脚爪刨开草地，啄食里面的碎石和细沙。 它们为什么要吞食碎石和细沙呢？ 因为沙石能磨碎琴鸡的嗉囊和胃里比较硬的食物，具有促进消化的功能。

突然传来了一阵急促的步伐声，是脚踩在落叶堆上发出的"沙沙"的响声。

琴鸡们都抬起了头，一副警觉的样子。

声音越来越近了，灌木丛里闪现出一只北极犬的脑袋，两只尖尖的耳朵竖得直直的。

琴鸡们慌忙地飞上了枝头。 有的迅速地蹿到了灌木丛里。

北极犬在浆果树丛里跑来跑去，琴鸡们被吓得纷纷跑开了。 后来，北极犬蹲在树底下，眼睛直勾勾地盯准了一只琴鸡，并发出了"汪汪"的吼叫。

琴鸡也瞪大了眼睛盯着北极犬。 过了一会儿，琴鸡在树上待得烦闷了，就在树枝上来回走动，还不时地回过头来看看北极犬。

这只狗干吗老待在这儿不走啊！ 我还没吃饱呢……狗，你快走吧，我要到下面去吃东西了。

突然一声枪响，琴鸡掉在地上了。 原来当它在树枝上盯着北极犬的时候，猎人已经悄悄地走了过来，趁着琴鸡不注意，给了琴鸡一枪。

这群琴鸡吓得都扑扇着翅膀飞起来了，它们飞过森林的上空，希望躲得远远的。 它们越过林中的空地和小树丛，应该在哪里歇脚呢？ 这里会不会也藏着猎人呢？

有3只黑琴鸡落在白桦林边光秃秃的树枝上，那里应该很安全。 从它们那副悠然自得的样子，我们猜测白桦林里没有人。

琴鸡群逐渐地从空中飞了下来，停落在树顶上。 而原来落在树枝上的3只琴鸡，连头都没朝它们转一下，它们像树墩样呆呆地蹲在那里，一动不动的！ 新来的琴鸡仔细地打量着它们。 它们确实是琴鸡——全身漆黑如墨，眉毛红艳艳的，翅磅上有白斑，尾巴分叉，小小的眼睛乌黑又明亮。

一切是那么的平静。

"砰！砰！"怎么回事？哪来的枪声？两只新来的琴鸡怎么就从树枝上掉下来了呢？

树顶的上空升起一股烟雾，没过多久，就消散了。而那3只琴鸡就像没有听到任何动静似的，依旧蹲在树枝上，纹丝不动。新来的琴鸡群索性也待在树枝上，看着那3只琴鸡。下面一个人影都没有，我们也不走了。

新来的琴鸡转了转脑袋，仔细地看了看周围的环境，觉得确实很安全。

"砰！砰！"一只琴鸡"吧嗒"一声掉在地上了，另外一只正在向树顶上空蹿，不过它没能逃脱掉，也在半空中往下跌落。琴鸡群惊慌失措地飞起来了。没等那只被击中的琴鸡从高空中跌到地面上，琴鸡群就逃得没有了踪影。只有那3只黑琴鸡依旧一动也不动地待在树枝上。

地面上，从一间隐蔽的棚子里，走出来了一个背着枪的人，他捡起那几只死琴鸡，再把枪放靠在树上，然后爬到白桦树上去了！

白桦树枝上的那3只琴鸡的黑眼睛，一动也不动的似乎是在凝视着森林的某个地方，原来那几对黑眼睛是小黑玻璃珠做的。这3只黑琴鸡，只不过是用黑绒布块做的。只有它们的嘴巴是用真正的琴鸡的嘴巴装上去的，而那几根分叉的尾巴，也只是用几根真正的羽毛插上去的。

猎人取下了这3只假琴鸡，然后又爬到另一棵白桦树上，取下了另外两只假琴鸡。

远处的天空里，那群胆战心惊的琴鸡正在森林的上空徘徊。它们狐疑地看着那些树丛和树丛里的每一棵灌木，生怕那些危险会再次出现。该躲藏在哪里才是安全的呢？那些诡计多端的猎人，你永远也不知道，他会躲在哪个角落、用什么办法来暗算你……

好奇的雁

猎人们都清楚，好奇是雁的一个显著特征。猎人们也十分清楚，雁也比其他的鸟儿更谨慎。

离河岸 1000 米的浅沙滩上，有一大群雁待在那里休息。那里就像一座孤岛，人是走不过去的，车辆更不可能开到那里。雁把头埋在羽翼下，一只脚也缩进去了，它正在安安稳稳地酣睡呢！

它们丝毫不用担心，它们的四周有几只专门放哨的老雁，在一旁守护着它们呢！ 这几只放哨的老雁是不会睡觉的，它们在全神贯注地观察着四面八方的动静。 你不妨看看，它们是怎样放哨的。

岸上突然出现一只小狗。 那几只放哨的老雁立马伸长了脖子，盯着这只狗，看它有什么企图。

狗在岸上来回地跑，一会儿跑到东边，一会儿跑到西边，好像是在捉什么东西吃。 它连看都不会看一眼这些沙滩上的雁。

找不出什么可疑的地方。 可是，奇怪！ 这只狗在那儿瞎折腾什么呢？ 让我走近一些，看清楚一点。

一只老雁摇摇晃晃地走到水里游了起来，轻微的波浪声吵醒了几只雁，它们也发现了对岸的小狗，于是也跟着老雁游了过去。

它们越游越近，原来是面包团，岸上的一块大石头后面飞出来了很多面包团，飞得到处都是，狗儿摇着尾巴，东奔西跑的去捕捉那些面包团。

怎么有那么多的面包团啊？ 是谁在石头后面啊？

那几只雁游到了岸边，它们伸长了脖子，想一探究竟。 突然，它们栽进了水里，原来石头后面藏着一个枪法很准的猎人。

六条腿的马

雁成群结队地在田里大吃特吃。 老雁们在四周一丝也不敢懈怠，它们拒绝让任何人或动物靠近它们。

在远处田野里，马儿在悠闲地走来走去。 雁才不怕它们呢！ 大家都知道，马是一种温和的食草动物，它是不会侵犯飞禽的。 突然，有一匹马朝雁这边走来了，它一边捡着残穗吃，一边慢悠悠地走过来了。 不用担心，就是它走到跟前，也不用害怕，还来得及起飞。

不过，这匹马真怪，有6条腿。 真是个怪物，它有4条腿是普通的马腿，还有两条腿居然穿着裤子。

放哨的老雁"嘎嘎"地叫了起来，它是在发出警报。 群里的雁也都抬起头来了。 那匹怪马正在逐渐地靠近雁群。

老雁鼓起翅榜，飞过去仔细侦察。 它在半空中看到了：一个握着枪杆子的人，躲在马匹背后。

"'嘎嘎'，快逃呀！ 快逃呀！"侦察员发出逃离的信号。整群雁立马扑扇着翅膀逃走了。

猎人懊恼极了，对着它们的身影一连开了好几枪。 不过，那时它们已经逃得远远的，子弹很难瞄准它们了。

这群雁躲过了一场灾祸。

应战

每当夜幕降临的时候，森林里的麋鹿都会发出决斗的号角声。

"是勇士就出来决斗吧！"

一只老鹿从它那长着青苔的穴里站了起来。 它的犄角非常宽阔，有13个分支，整个身体长约2米，体重有400千克。

是哪个不自量力的家伙，居然敢对着树林里的第一大力士发出挑战。

老麋鹿迈动着稳重的步伐，它那强有力的蹄子，踩在湿漉漉的青苔上，留下了一串串深深的足印，它气势汹汹地赶过去，准备应战，那些挡住它去路的小树都被它踏得七零八落的。

对手的号角声又响起来了。

老麋鹿用它那浑厚的吼声应对对手。 这吼声真可怕——吓得一群琴鸡"噗噗"地从树上逃开了，胆小的兔子也被吓得惊慌失措地从地上一蹿老高，撒腿就跑到密林里去了。

"我看谁敢嚣张！"老麋鹿双眼布满了血丝，它完全不顾道路在哪里，径直向对手冲了过去。 森林里的树木逐渐稀疏开来，它冲到了一片林中空地……

对手就在这里！

它从树后使劲地向前冲锋，企图用它的犄角撞倒它的对手，再用它笨重的身体压倒对手，最后用它那锐利的蹄子把对手踩成烂泥巴。

突然响起了一阵枪声，老麋鹿这才发现，树后面有一个双手握枪的人，腰间还挂着一个大号角。

老麋鹿慌忙地向密林里逃去，它有气无力地横冲直撞着，伤口在不断地流血。

开禁了,猎兔去

出发

跟往年一样,10月15日,报纸上宣布了禁猎野兔的时间暂时结束了。

大批的猎人把车站挤得满满的,这和8月初的情景是一样的。 他们依旧带上了猎犬,有的人牵着两只猎犬,有的甚至不止两只。 不过,现在带去的猎犬不是夏天的那种了,现在带去的是一种卷曲长毛的猎犬。

这种猎狗高大又结实,笔直的大长腿,脑袋也非常大,还有一张狼嘴似的大嘴,身上的粗毛五颜六色的:有黑的,有灰的,有褐色的,有金黄色的,还有火红色的;每只狗的斑纹的颜色也不尽相同,有黑色斑纹,有火红色斑纹,有褐色斑纹,有黄斑纹,还有一些在火红色的斑纹上面还带着大片马鞍似的黑毛。

这些特种的猎狗,有雌的,有雄的。 追踪兽迹,把野兽从洞穴里赶出来,是它们的基本职责。 它们还会追着野兽跑,并大声地"汪汪"叫,以此告诉猎人野兽的位置和路线,这样一来,猎人就能轻易地在半路伏击那些逃窜的野兽。

在城里,这种粗野的大猎狗不大容易养活。 所以,很多人根本没有带狗。 我们几个人也没有猎狗。

我们准备去塞索伊奇那儿参加围猎。

我们一伙总共有 12 个人，车厢里的 3 个小间被我们挤满了。 我们的一个同伴引起了所有旅客的注意，他们都惊奇地看着我们的同伴，微笑着，相互交谈着。

我们的这位同伴也确实很容易引起他人的注意：他是个大胖子，体重有 150 千克，胖得连车厢门都走不进来。

他不会围猎，医生叫他多出去走走。 他是个射击能手，打靶技术超过我们这个队伍的任何人。 他为了增加散步的兴趣，就决定跟我们一块儿去试试围猎。

围猎

傍晚，在林区的一个小车站上，塞索伊奇迎接了我们。 那一晚，我们就住在他的家里。 第二天天微微亮，我们这一大伙人就吵吵嚷嚷地出发了，塞索伊奇找来了 12 个集体农庄庄员做这次围猎的呐喊人。

我们在森林的边上停了下来。 我把写了号码的纸片，折成小卷儿，丢在帽子里，我们 12 个射击手按次序开始抓阄，谁抓到第几号，谁就站在第几号位置上。 呐喊人都守在森林外面。在宽阔的林间路上，塞索伊奇按照我们各自的号码，指定我们应该守住的地方。

我抽到的是 6 号，我们的胖子抽到的是 7 号。 塞索伊奇告诉我应该站好的那个位置后，就去叮嘱这位新手，告诉他围猎的规矩——不能沿狙击线开枪，那样会打到旁边的人；围猎呐喊人追赶到附近的时候，要停止射击，以免会伤害到雌鹿，必须等待信号发出后再行动。

大胖子在距离我有 6 米开外的地方。 猎兔跟猎熊是不一样的。 猎熊时，射击手和射击手之间可以相隔 150 米远。

塞索伊奇在指挥狙击线时特别严厉，此刻，他正在训斥大胖子："您怎么跑到灌木丛里去了呀？ 这样开枪能方便吗？ 您就跟灌木并排站着吧，就站这儿吧！ 兔子是喜欢朝下看的。 请恕我直言，您的腿好像两根大木头，您把腿拉开点嘛，不然兔子会以为您的腿是树墩。"

塞索伊奇安排好所有的射击手的位置以后，就跳上马，到森林外面去安排围猎的人。

不知道还要等多久，围猎才会开始。 我四处张望着。

距离我 40 米左右的前方，有一些光秃秃的赤杨和白杨，以及叶子已经落了一半的白桦，还有好几棵黑黝黝、毛蓬蓬的云杉夹杂在其中，就像是一面墙似的。 说不定过一会儿，就会有兔子从森林深处穿过这些笔直的树干混合而成的林子，向我这儿跑过来，或许还有几只琴鸡飞出来。 运气好的话，可能还会有带翅膀的大松鸡蹿出来。 我当然不会放过它们。

对于现在的我来说，每一分钟都漫长得像蜗牛的爬行速度。 不知道大胖子的感觉会不会也是这样。 他的双腿换来换去，可能他想把腿叉得更像树墩。

突然，寂静的森林外传来了两声又长又响亮的号角声，这是塞索伊奇催促围猎呐喊队向我们推进的信号。

大胖子举起他圆滚滚的胳膊端起了双筒枪，此时的双筒枪在他的手中，就像一根手杖，他待在那里，一动也不动。

真是个傻瓜！ 准备得也太早了吧，也不怕胳膊会发酸。

呐喊的声音还没有响起来，可是有人已经开枪了。 沿着狙击线的右边开了一枪，接下来从左面也响起了两声枪响。 他们都开始射击了，可是我还没有行动呢！

大胖子也开火了，"砰！ 砰！"他正在打琴鸡，不过他没瞄准，琴鸡都飞走了。

围猎呐喊人高亢的呼应声和手杖敲击树干的声音渐渐地传来了。 两侧也响起了赶鸟器的声音，可是，为什么还没有任何飞禽走兽向我这边跑过来呢！

终于来了一个！ 一个灰白相间的小白兔，从树干后面一闪而过。

哎，这只应该是我的！ 它拐弯了，朝大胖子跑过去了。大胖子，快点啊！ 快开枪呀！ 快开枪呀！

"砰！ 砰！"

没打中。 小白兔径直朝他蹿了过去。

"砰！ 砰！"

一团灰白的烟雾在兔子身上升起来了，胆战心惊的小兔子，从大胖子那树墩似的两条腿当中蹿了过去，大胖子立马把双腿一夹……

居然有人用双腿捉兔子。 小白兔一溜就过去了。 大胖子整个的庞大身体却扑倒在地上，来了个大马趴。

我捧着肚子大笑，笑得我直流泪。 朦胧之中，我又看见了两只兔子，它们一并从森林里蹿到我的跟前，我心里清楚，我不能开枪，因为兔子是沿着狙击线跑开的。

大胖子艰难地跪起身，然后站起来。他伸出他的大手给我看，他抓住了兔子的一团白毛。

我冲他喊道："你摔伤了没有？"

"没有啊，我还夹下来了兔子的尾巴尖呢，看，兔子的尾巴尖！"

真是个幽默的人。

射击停止了。呐喊的人从林子里跑了出来，他们都奔向了大胖子这边。

"叔叔，您是神父吧？"

"他一定是个神父，你看他的那个肚子！"

"简直令人难以相信，太胖啦！估计他的衣服里塞满了野味，不然，怎么会有这么胖。"

"可怜的射击手！ 在城里的打靶场上，谁会见过这样的情景？"

塞索伊奇迫不及待，催促着我们到田野里去，我们要进行新的围猎。 我们这一群人又闹哄哄地沿着林中的小路往回走。 一辆大马车载着猎物，跟在我们后面慢悠悠地走着，大胖子也坐在大马车上。 他累极了，他正坐在那里大口大口地喘气呢！

猎人们一路都在讥笑大胖子，他们才不会放过这个可怜虫呢！

忽然，在道路拐角的后面，我们看到了森林上空出现了一只大黑鸟，大概有两只琴鸡那么大。 它正顺着道路的方向，从我们跟前飞了过去。

大家都匆匆忙忙地端起了枪，森林里立马响起了一连串的射击声。 大家都想把这难得的猎物打下来。

黑鸟继续飞，它已经飞到大马车的上空了。

大胖子也端起了枪，不过他依旧坐在大马车上。 和他那火腿般的胳膊比起来，双筒枪就像一根小手杖似的。

他开枪了。 我们都看到了：大黑鸟就像一只假鸟似的，翅膀一跌，迅速停止了飞行，像一块木头似的从空中跌落在道路上。

"哇，真厉害！"一个集体农庄庄员说。"简直就是一个神枪手呀！"

我们这些猎人都惭愧地不吭声：我们都放枪了，可是⋯⋯

大胖子捡起了猎物——这是一只比兔子还要重的，有胡子的老雄松鸡呢！ 他拾起的这只松鸡，是我们每个人都愿意用自己的所有猎获物来交换的。

　　人们再也不会嘲笑大胖子了。 至于他用双腿夹兔子的事，大家都忘记了。

◉本报特约通讯员

各方呼叫

无线电通讯

注意！注意！

这里是《森林报》编辑部。

今天，9月22日，是秋分日。我们继续用无线电报告全国各地的新闻。

我们正在呼叫苔原、原始森林、草原和海洋！

请你们描述一下，你们那里的秋天是什么情况？

雅马尔半岛苔原的回应

我们这里什么都没有了。夏天的时候，这里苔原曾经非常热闹，那里是鸟儿的乐园；现在，那里再也听不见鸟叫声了。小巧玲珑的鸣禽离开我们飞向远方了；雁、野鸭、鸥、乌鸦，也全都飞走了。整个苔原一片静寂。只是偶尔会传来一阵可怕的骨头撞击的声音，那是雄鹿用犄角相撞的声音。

　　8 月的时候，严寒就已经降临了。 现在，整个苔原的水都结冻了。 捕鱼的帆船和机动船也早就开走了。 耽搁了几天的轮船被冰封了。 现在，在坚固的冰原上，笨重的破冰船正在费劲地为它们开出一条可以行驶的路。

　　白昼变得越来越短。 黑夜也变得越来越漫长了，并且又黑又冷。 只有白色的苍蝇在空中飞舞着。

乌拉尔原始森林的回应

　　现在，我们非常忙，正在忙着迎送客人。 我们在迎接从北方的苔原到我们这里来的鸣禽、野鸭和雁。 它们是从我们这里路过，不会停留太长时间的。 刚才就来了一群鸟，休息了片刻，吃了点东西；明天你再去看它们，肯定看不到——就在半夜里，它们就要起程出发飞向远方了。

　　另外，我们在欢送曾经在我们这里过夏的鸟儿。 这些候鸟绝大部分已经踏上了遥远的旅程，去追逐那离我们远去的阳光，到那温暖的地方过冬了。

　　阵阵秋风吹落了白桦、白杨和花楸树上那黄的、发红的叶子。 落叶松也变成金黄的了，柔软的针叶也变粗硬了；几乎天天晚上，都有一些笨重的、长胡子的松鸡，落到落叶松的枝头上。 这些全身都是乌黑的松鸡，正蹲在金黄色针叶间啄食松果。 榛鸡在云杉树丛中尖叫着跳来跳去。 很多红胸脯的雄灰雀和淡灰色的雌灰雀、深红色的松雀、红脑袋的朱顶雀、角百灵也出现在这里。 这些鸟都是从遥远的北方飞来的，它们很喜欢我们这里，不打算再往南飞了。

田野也是荒凉的一片，在晴朗的阳光下，细长的蜘蛛网在微风的吹动下，在空中飘荡。 桃叶卫矛的灌木丛上，到处结满了鲜红的小果实，就像中国的小灯笼。

最后的一批马铃薯正在搬运之中，菜园里的最后一批蔬菜——卷心菜，也在收割之中，地窖被我们塞得满满的，这些蔬菜是我们过冬的食物。 我们还在原始森林采集了很多杉松的坚果。

小野兽们也不甘心落后于我们。 它们是拖着一条细长的小尾巴、背上还有五道鲜明的黑条纹的金花鼠，它们正在匆匆忙

忙地把杉松的坚果拖到树墩下，菜园里的葵花子也没有躲过它们锐利的眼球，它们的仓库被装得满满的。

棕红色的松鼠正在树枝上晒蘑菇。它们正在穿上换季的衣服——淡蓝色的"皮大衣"。森林里的长尾鼠、短尾野鼠和水老鼠也都开始行动了，它们用各种各样的谷物填满它们的仓库。有斑点的乌鸦和星鸦也在忙着往树洞里搬运坚果，这些都是它们应对饥荒的食物。

熊已经给自己找好了一个山洞，它正在用爪子撕掉云杉树的树皮——那是它的褥子。

所有的动植物都在为过冬做准备，大家都在忙碌着。

沙漠的回应

我们这里是一派欣欣向荣的景象——就像春天一样。

很难忍受的酷暑已经结束了，喜雨连绵不断，空气也格外清新，远处景物的轮廓变得非常清晰。草也变绿了。以前那些躲避夏日强光的动物又蹿出来了。

　　甲虫、蚂蚁、蜘蛛都从地下钻出来了。细爪子的金花鼠也从深洞里钻出来了；拖着长长尾巴的跳鼠在四处跳来蹦去，像一只活泼好动的小袋鼠。睡了一个夏天的巨蟒醒来了，它又开始捕食这些小家伙了。猫头鹰、草原狐、沙漠猫也偷偷地溜出来了。快腿的羚羊、轻盈的黑尾羚羊、弯鼻羚羊都在沙漠上飞速地奔跑着。鸟儿也出现在了天空中。

　　这里又恢复了春天的景象，完全不像是沙漠，随处可见一片绿颜色，到处都是活蹦乱跳的生命。

　　我们继续在沙漠里旅行。一望无垠的沙地正在铺上防护林带。田野将会因此得到保护，免受沙漠热风的侵袭，沙漠也将变成一片绿色。

世界的屋脊的回应

　　我们这里的帕米尔山峰真的非常高，大家都称呼它为世界的屋脊。一些高耸的山峰超过 7000 米，一直插入了云霄。

在我们这里的同一时间，会出现两种季节的景象：山下是夏天，山上是冬天。

现在秋天到了，冬天的景象是从山顶往下降的，动物也开始从山顶往山下移动。

这里的野山羊夏天就住在寒冷的悬崖峭壁上，现在它们是第一批离开山顶的动物；山顶上的所有植物都被雪掩盖，被冰冻住了，所以它们失去了食物来源。

山上牧场里的绵羊也开始往山下移动了。

夏天的高山草场上，肥大的土拨鼠随处可见，现在，它们都消失得无影无踪，都躲在地洞里休养生息呢！它们储存了一大堆过冬的食物，一个个养得肥头大耳的，洞口也用草做的硬塞子堵住了。

鹿群也都沿着山坡走了下来。野猪躲在胡桃树、阿月浑子树和野杏树的丛林中，悠闲地等待着冬天的到来。

山下的深谷里，突然出现了夏天在这里从来没见过的鸟儿：角百灵、烟灰色的草地鹨、红背鸲和罕见的蓝鸟山鸫。

另外，很多鸟儿从遥远的北方赶到我们这里来了，因为这里气候温暖，食物充沛。

现在，山下时常秋雨连绵，冬天正在一步步地向我们走来。而山上，俨然是隆冬天气，正在下雪呢！

人们也在忙碌着，有的在田里采棉花，有的在果园里采摘水果，还有的在山坡上采摘胡桃。

山顶上的道路已经无法通行了，积雪覆盖了整个山峰。

乌克兰草原的回应

很多活蹦乱跳的小球，在被太阳烤得炙热的平坦草原上飞奔、跳跃。它们飞到人们的身边，把人们团团包围起来，还扑到人们的脚上来了，由于它们都非常轻，人们不会觉得疼痛！仔细一看，原来它们压根就不是什么球儿，而是圆圆的一团干草茎，草尖和茎尖朝外面翘着。你看，这些草团又飞到小丘和沙石堆后面去了。

是风把这些成熟的风卷球连根拔了出来，也是风推动着像轮子似的风卷球在整个草原里打滚，风卷球就趁着这个机会一路撒播着自己的种子。

炎热的狂风再也不能在草原上肆无忌惮的游荡了，人们创造的森林带已经发挥作用了，它们在保卫着一块块田地。护田林带正在挽救我们的收成，好让收成不被旱灾毁掉。一条从伏尔加河——顿河——列宁通航运河通过来的灌溉渠道为这里带来了宝贵的河水。

现在，正是打猎的好时光。草原湖的芦苇中聚集了各种各样沼泽地的野禽和水禽，有本地的，也有路过的。在小峡谷里没有割过草的地方，密集着一大群肥胖的小鹌鹑。草原上的兔子像星星一样多——到处都是棕红色斑点的大灰兔，我们这里没有白兔。狐狸和狼也非常多！你可以随意用枪打或者放猎狗去捉！

在城里的市场上，西瓜、香瓜、苹果、梨和李子什么的，堆积如山。

大海洋的回应

我们穿过北冰洋的冰原，穿过亚洲和美洲之间的海峡进入太平洋，确切地说，我们进入了大海洋。 在白令海峡和鄂霍次克海，我们不时地还能看到几条鲸。

世界上竟然有如此令人惊讶的动物！ 它们的体形、重量和力气简直难以想象。

我们亲眼看到了一条鲸，好像是露脊鲸，又好像是鲱鲸——人们把它拖到一艘捕鲸船的甲板上。 这是一条长达21米的鲸，要是把大象头尾相接放在它身上，足足能放下6头大象。 它那张大嘴能够容纳得下一艘带划桨人的木船。

它的那颗心脏重达148千克——相当于两位成年大汉的体重。 它的整个体重有55000千克——也就是55吨！

假如做一架巨大的天平，把这条鲸放在一个天平盘里，那么，要想让两个天平盆相等，另一个天平盘至少得站上大大小小、男女老少1000人。 并且这条鲸还不是最大的，有一种蓝鲸，长达33米，重达100多吨呢！

鲸的力气大得难以想象：如果你用带绳索的标叉叉住鲸，它能把船拖上 24 个小时；最糟糕的是，如果它潜进水里去，它会把轮船也拖进水里去。

我们以前见过类似的情况。现在却是另外一回事了。我们简直不敢相信，横躺在我们面前的这座力大无穷的"肉山"，几乎是在几分钟之内就被我们的捕鲸人杀死了。

刚才，捕猎人还站在船头投短标枪，他把标枪投到鲸身上去。然后，捕鲸人会用特制的炮打鲸，当然，炮筒里装的不是炮弹，而是一种带索的标叉。

鲸被这样的标叉击中之后并不会威胁到它的生命，致使它死亡的是电流：因为在带索的标叉上，装有两根电线，电线的另一头接通着船上的发电机。带索标叉就像针一样戳进鲸的身体里，电线就这样接起来了，发电机再发出强大的电流，鲸就这样被电死了。这个庞然大物只抖动了几下身子，两分钟后就死了。

在白令海峡附近，我们看到了海狗。在铜岛附近，我们看到了一批海獭，大海獭正带着它们的小海獭在玩耍。这些野兽的皮毛非常珍贵，它们曾一度成为日本强盗和俄国沙皇强盗们的猎捕对象。后来政府采取法律的手段及时地保护这些珍贵的动物，所以，现在我们看到的海獭的数量已经越来越多了。

在堪察加的岸边，我们看到了一批巨大的海驴，它们差不多有海象那么大。

见识了鲸的体型之后，我们就觉得这些野兽称不上巨大了。

一到秋天，鲸就会离开我们，游到热带的温水里去了。它们将在那里产下小鲸。等到第二年，鲸妈妈又会带着它们的小鲸，返回到我们这里来，游到太平洋和北冰洋的海水里来。这些吃奶的小鲸，块头比两头牛还要大呢！

我们这里的人是不会伤害小鲸的。

我们和全国各地的无线电通报，到此就结束了。12月22日将进行下一次通报，这也是最后一次相互通报。

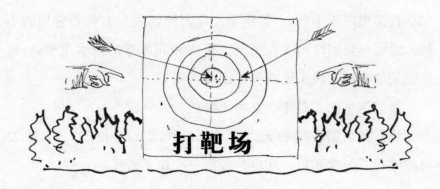

打靶场

第七场竞赛

1. 按照森林日历,秋天是开始于哪一天?

2. 秋天落叶纷纷的时候,哪一种野兽还在生育小兽?

3. 秋天,什么树木的叶子会变红?

4. 是不是我们这里所有的候鸟都飞向南方?

5. 为什么我们称呼老麋鹿为"犁角兽"?

6. 集体农庄的庄员在森林里和草场上堆积干草垛,目的是为了防备哪种野兽?

7. 在春天"咕噜咕噜"叫着,仿佛在说:"我要买件褂子"的是哪种鸟儿?

8. 你能从下画上判断出,这些淤泥上的不同脚印是哪两种鸟儿留下的吗?这两种鸟儿谁住

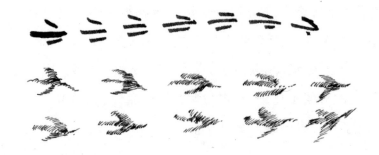

在树上,谁住在地上?

9. 是鸟儿朝射击手冲过来的时候开枪比较好,还是鸟儿逃开的时候比较好?

10. 乌鸦在森林里的上空"呱呱"地叫着,盘旋着,那意味着什么?

11. 一个好猎人是不会伤害雌琴鸡和雌松鸡的,为什么?

12. 这幅画画的是哪一种野兽的前脚骨骼?

13. 秋天,蝴蝶去哪里了?

14. 猎人在日落后侦察野鸭,他的脸应该朝哪个方向?

15. 在什么情况下,人们会对着鸟儿骂:"飞到海外去找死吗?"

16. 今年把它埋起来,明年收获无数个一样的它。(谜语)

17. 小马跑得快,离开大陆到海外,背着黑貂皮,系着白肚兜。(谜语)

18. 平常是绿色的,飞舞的时候是黄色的,掉下来的时候是黑色的。(谜语)

19. 身体细又长,掉到地里就爬不起来。(谜语)

20. 身体灰灰牙齿尖,跑东跑西最厉害,专找小牛和小孩。(谜语)

21. 小小偷,穿灰衣,活蹦乱跳在田中,只偷五谷和杂粮。(谜语)

22. 一个小老头,戴着棕帽子,站在松林里,不躲也不藏。(谜语)

23. 有皮的时候不能用,没皮的时候人人争。(谜语)

24. 自己不拿,也不许野鸭来拿。(谜语)

通 告

请你们献出爱心收养小兔子

现在,在森林和田野里,你会捉到几只无依无靠的小兔子。它们太小了,腿也很短,需要你们的呵护,喂给它们牛奶和蔬菜就可以了。

温馨提示

养育这些小家伙会给你的生活带来许多乐趣:兔子是出了名的鼓手。它白天会安静地待在木箱子里;一到晚上,它就开始敲锣打鼓了——用爪子敲打箱子,你立马就会被它们吵醒!你大概不知道,兔子其实是个夜游神!

筑造小棚子

你们可以在河流、湖泊和海洋的岸边筑造几个小棚子,最好要赶紧。早晨和傍晚的时候,你会在棚子里看到很多有趣的事情:野鸭从水里爬出来,上岸了,蹲在那里,离你非常近,近得你可以看清楚它的每一根羽毛;滨鹬在绕圈圈;潜水鸟正在潜水,或者在附近游来游去;鹭鸶就在你的小棚子旁边打盹。或许你还能看到一些夏天看不到的鸟类。

第六次测验题

"神眼"称号竞赛

谁来过这里?

庄园里的水塘边,会不会有野鸭来这里栖息? (图1)

林中的两棵白杨都被动物啃咬过,请根据它们被啃咬的痕迹判断,是什么动物来过这里? (图2)

图1

图2

林中的水洼边,那些小十字、小点子的小脚印,是什么动物留下的? (图3)

图3

什么动物敢吃刺猬，而且是从刺猬的腹部吃起，并且可以把整个刺猬都吃掉，只剩一张皮？（图4）

图4

森 林 报

No. 8

10 月 21 日——11 月 20 日

储存粮食月

（秋季第二月）

太阳进入天蝎宫

一年 12 个月的阳光组诗

10 月，纷纷的落叶，满地的泥泞，气温开始下降了。

萧瑟的西风将树叶儿一片片吹落，只剩下最后的那批干枯的树叶了。阴雨连绵不断。几只湿漉漉的乌鸦，无聊地蹲在篱笆上，它也即将起程。在我们这里过夏的灰色乌鸦，早已悄悄地飞到南方去了。不过，也同样无声无息地飞来了一批生长在北方的灰色乌鸦。原来乌鸦也是候鸟。北方的乌鸦跟我们这里的秃鼻乌鸦是一样的，都是春天第一批飞来、秋天最后一批飞走。

秋天的第一个任务已经完成——为森林脱衣裳。现在，它开始做第二件事——把水变凉，越变越凉。清晨，水塘和水洼都被一层松脆的薄冰覆盖住了。和空气里的环境一样，水里的生命也越来越少。夏天曾在水面上迎风招展的花儿，早早地就把种子丢到水底下了，长长的花梗也缩到水里了。鱼儿在深坑底下游来游去，深坑里是不会冻冰的，它们打算在那里过冬呢！长尾巴的、软绵绵的蝾螈，在池塘里度过了整个夏天，现在它从水里钻了出来，爬到岸上，在一个长满青苔的树根底下驻扎过冬。池塘的水结冻了。

陆地上的一些动物的血原本就是冷的，现在变得更冷了。昆虫、蜘蛛、老鼠和蜈蚣都躲起来了。蛇爬到干燥的洞里，盘作一团，一动也不动地准备冬眠。蛤蟆钻进烂泥里，蜥蜴躲在树墩脱落的树皮底下，那里就是它冬眠的地方……野兽们，有的穿上暖和的皮外套；有的把自己洞里的储藏室塞得满满的；有的正在筑巢建窝……

　　在秋天，户外有 7 种天气：有艳阳高照、有微风习习、有阴雨蒙蒙、有狂风大作、有倾盆大雨、有风雨交加、还有旋风扫落叶。

森林记事

准备过冬

天气还没有特别冷，但是不能疏忽——寒气就快要入侵了，大地和水很快就会都冰封起来。 到那时，去哪里寻找食物呢？ 应该躲到哪里去呢？

森林里的所有动物，都有一套自己的过冬办法。

有翅膀的都飞走了，飞到别的地方去躲避寒冷了；没有翅膀的都在匆忙地准备过冬的食物。

短尾野鼠最勤劳，搬运起食物来最卖力。 很多的野鼠索性就在柴禾垛或粮食堆下挖掘好了过冬的洞，这样它们就能更便捷地在夜里偷运粮食。

它们的洞穴通常都有五六个小过道，每一个过道通往一个

洞口。 地底下还有一间卧室和几间粮仓。

只有到了特别寒冷的时候这些野鼠才会去睡觉。 所以，它们有一大堆的时间去储藏好一大堆的粮食。 有的野鼠洞里，已经收集了四五千克的粮食。

小型啮齿动物最喜欢在庄稼地里偷粮食。 我们一定要防备它们破坏收成。

过冬的草木

树木和多年生的草类也在为过冬做准备。 一年生的草本植物播下它们的种子。 不过，不是所有的一年草本类植物都是以这样的形态过冬的。 有的草类现在就在发芽，在翻过土的菜园里，生长出来了很多杂草。

在荒凉的黑土地上，荠菜锯齿状的叶子一簇一簇地冒出来了；草地上还长出了跟荨麻很相似的、还有毛茸茸的紫红色的野芝麻。 另外，娇小可爱的香母草、三色堇、犁头菜的幼苗，也在阳光下闪闪点点。 当然，不招人喜欢的紫缕也长出来了。

这些幼苗准备熬过寒冷的冬天，一直活到明年的秋天。

慢慢准备过冬的植物

雪地上非常显眼的棕红色的斑点，是枝干繁茂的椴树上的小坚果。 那些带着翅膀的棕红色的小坚果像小舌头，挂满了整个椴树的树枝。

高大的椴树也会有这种带翅膀的小坚果去装饰它们。 你看这棵椴干果，一簇一簇挂满了整个树枝。

最漂亮的要数山梨树！ 山梨树上的浆果，直至现在还保留着鲜艳饱满的样子。 小蘖树上也挂满了浆果。

桃叶卫矛的果实最奇妙，它也不甘示弱，在竭尽全力地炫耀着它们的美丽，像带着黄色花蕊的玫瑰花。

还有一些乔木慢悠悠的，入冬了还没有把它们的后代安置好。

菜萸花东一簇西一簇，挂满了整个白桦树的枝头，一些干枯的菜萸花里还藏着没有成熟的翅果。

榛子树也有菜萸花序，每根树枝上都有两对菜萸花序。 榛子树上已没有榛子了。 榛子树似乎胸有成竹，它刚刚跟自己的后代告别完毕，现在，一切都安置妥当了。

●尼·巴布罗娃

储藏蔬菜

短耳朵的水老鼠，夏天住在小河边的地底下，那里有一间它的别墅。别墅有一个过道，一直从房门口斜着通到水里面。

而此刻，水老鼠在离水比较远的和多草墩的草场上，找到了一间舒适又暖和的冬季住宅——有几条 100 来米长的过道，直接通到这间住宅里面。

在一个大大的草墩下，有一间铺着柔软、暖和的干草的房间，那是水老鼠的卧室。还有几个专门的过道把储藏室和卧室连接起来。

储藏室里收拾得井然有序。水老鼠从田里和菜园里偷运进来的谷物、豌豆、蚕豆、葱头、马铃薯等，都是严格地、分门别类地被收藏在那里。

松鼠的晾物架

松鼠在树上搭建了几个圆圆的巢。它把其中的一个圆巢设置成了仓库，然后再把它从林中收集来的小坚果和球果储藏在这个仓库里。

另外，松鼠还采集了一些蘑菇，它把这些蘑菇穿在折断了的松枝上晒干。这样，冬天一到，它就可以在树枝上采食这些晾干了的蘑菇。

奇妙的储藏室

姬蜂为它的幼虫找到一个奇妙的储藏室。 姬蜂的飞行速度非常快，它的触角朝上卷曲，触角下面有一对异常敏锐的眼睛。 它的腰非常细，把它的胸部和腹部分作两截；在腹部的尾巴尖上还有一根又细又直的尾针。

夏天，姬蜂找到一条肥大的蝴蝶幼虫。 它扑到幼虫身上，把尖刺戳到幼虫的身体里，钻了一个小洞，然后在洞里下了一个卵。

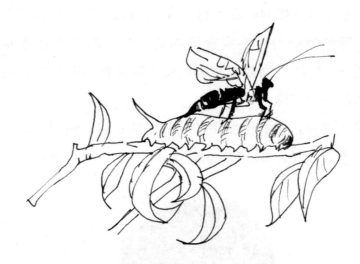

姬蜂飞走了。 幼虫很快就从惊吓中恢复了常态，继续吃起树叶来了。 秋天的时候，幼虫结茧成蛹。

而此刻的姬蜂的幼虫，也从卵里孵出来了。 在这个茧里温暖而又平安，并且蝴蝶幼虫的蛹，能提供给姬蜂幼虫充足的食物，吃上一年都没问题。

第二年的夏天一到，茧开了，但是从里面飞出来的不是蝴蝶，而是一只身体细长、黑红黄三色的姬蜂。 姬蜂是益虫，它是我们的朋友，它杀死了有害的昆虫幼虫。

自备储藏室

有很多种野兽是不会给自己准备什么特别的储藏室的。 它们自己的身体就是储藏室。

它们利用整个秋天，一直在使劲地吃，吃得肥肥胖胖，它那一身的脂肪和肉就是它们最好的储藏室。

脂肪是最方便的储藏养料。 在皮下面，脂肪堆积成厚厚的一层，等到野兽们找不到食物吃的时候，脂肪就会像养料一样，透过肠壁渗透到血液里去，而血液再把这些养料输送到整个身体的各个部位。

具备这种自携式储藏室的动物有熊、獾、蝙蝠，以及其他大大小小的野兽。 它们只需要倒头大睡，就可以高枕无忧地度

过这个寒冷的冬天。

另外，脂肪还能起到保暖的作用，恒定的温度，可以使它们免受寒气的侵袭。

贼偷贼

长耳鸮是森林里的淘气包，它相当狡猾，并且爱偷东西。然而，它也会被另一个高明的贼给偷了。

长耳鸮的外形酷似雕鸮，不过它比雕鸮小。 它的嘴巴像钩子，头上的羽毛直挺挺地竖直着，明亮的眼睛又大又圆。 无论夜里有多黑，它都能看得一清二楚，并且任何声音都躲不过它那敏锐的耳朵。

老鼠刚在枯叶堆发出"窸窸窣窣"的响声，长耳鸮就已经飞过来了。 只听见"笃"的一声，老鼠被长耳鸮抓到半空中去了。 一只小兔子正在林中的空地里奔跑，这个夜强盗立马飞到了它的上空。 又是"笃"的一声响，小兔子也成了它锋利爪子中的一顿晚餐了。

长耳鸮把老鼠啄死，再拖回到树洞里。 它暂时不会吃这些老鼠，也不打算跟别的动物一起分享——它把它们储藏起来，等到冬天找不到食物的

时候再拿出来吃！

白天，它守在树洞里，保护好那些储藏的东西，晚上，它再飞出去捕食。它还会时不时地飞回到树洞里去检查一下，看食物是否还在。

忽然，长耳鸮发觉：树洞里储藏的食物好像变少了。这位主人的眼睛很厉害，尽管它不会数数，但是它会用眼睛算账。

天很黑，长耳鸮饿了，它又飞出去捕食了。

等到它回来后一看，树洞里连一只老鼠都没有了，只看见树洞底下有一只和老鼠一般大的灰色小野兽在那里。

它正打算去抓住那只小野兽，结果小野兽蹿的一下，跃过一条裂缝逃走了，它嘴里还叼着一只小老鼠呢！

长耳鸮赶紧追了过去，几乎就要追上它了，可是它仔细一看，那不就是凶猛的伶鼬吗？于是它放弃去抢夺它嘴里的老鼠了。

伶鼬专门靠偷窃养活自己。 虽然它块头不大，但是它勇敢又机灵，它一点儿也不惧怕挑战长耳鸮。 并且，只要它咬住了长耳鸮的胸脯，长耳鸮是绝对挣脱不了的。

夏天又到来了吗

天气时而寒冷，时而暖和。 冷的时候，寒风刺骨。 但是很快太阳又出来了，又变成了风和日丽的好天气。 这时，仿佛夏天又回来了似的。

草丛里，蒲公英和樱草花活泼地探出头来了。 蝴蝶在空中翩翩起舞：蚊虫聚集在了一起，像一根漂浮着的柱子一样，在空中飞旋。 突然，一只小巧玲珑的鹡鸰跳出来了，它得意地翘起尾巴，开始引吭高歌，歌声是那么热情，那么嘹亮！

迟飞的柳莺站在高大的云杉枝头，温柔地清唱，歌声缠绵悱恻，轻巧动人！ 就像雨点打在水面上——清脆悦耳。

此时此刻，人们完全忘记了冬天正在降临。

被惊动的青蛙

整个池塘，还有池塘里的房客，都被冰封起来了。 但是，冰突然又融化了。 集体农庄的庄员们决定清理一下池底。 他们把池底的淤泥挖了出来，然后就走了。

太阳一直在烘烤着大地。 泥堆散发着水蒸气。 忽然，一团淤泥跳起来了，小泥团从泥堆里滚了出来，满地打滚。 这是怎么回事？

有一小泥团伸出了一条小尾巴，努力地在地上抽动着，抽动着，接着就是"扑通"一声，跳回池塘里去了！然后，陆陆续续有很多小泥团，也跟着跳了下去。

还有的小泥团，却伸出小腿，在池塘边跳开了。真是太奇怪了！

噢，原来这不是小泥团，而是满身沾着淤泥的小鲫鱼和青蛙。

它们原本是打算在池底过冬的。庄员们把它们连同淤泥一起掏了出来。太阳晒热了淤泥堆，小鲫鱼和青蛙就醒来了。它们醒来之后就跳跃起来了；小鲫鱼跳回到池塘里去了；青蛙打算去找个清静的地方，免得睡得正香的时候，再被人给挖出来了。

只见几十只青蛙不约而同地都朝着打麦场和大路的那一边跳去了，那边有一个更大、更深的大池塘，它们已经跳到大路上了。

在秋天，太阳带给我们的温暖是不可靠的。

很快，乌云把太阳遮住了。乌云带着寒冷的北风呼啸袭来。赤身露体的小家伙们冷极了。它们用尽全身力气又跳了几下，就倒下了——它们的脚冻麻了，血也凝固了，身体也僵硬了，再也不能动弹了。

所有的青蛙都冻死了。它们的头都朝着相同的方向——朝着大路那边的大池塘，那个大池塘里装满了能救命的暖和淤泥。

红胸脯的小鸟

夏日里的一天，我走在森林里，听见茂密的草里有什么东西在跑动的声音。 一开始，我很好奇。 后来我仔细地一看，原来是一只小鸟被青草绊住了，挣脱不开。 它体型很小，浑身上下全部都是灰色的，只有胸脯是红色的。 我把它带回家来了，它给我们的生活带来了很多欢笑。

一回到家里，我就掰了些面包屑喂给它吃。 它吃了点东西，就变得十分活跃了。 我给它做了一个笼子，还时常为它捉一些小虫子。 就这样，它在我家里住了一个秋天。

那天，我出去玩，忘了关好笼子，我家的猫就把这只小鸟吃掉了。

我非常爱这只小鸟，甚至为了它哭了一场。 可是后悔也来不及了！

⬤森林通讯员　奥斯大宁

松鼠

松鼠喜欢在夏天就储备好冬天吃的粮食。 我曾亲眼看见一只松鼠，从云杉上摘了一个球果，拖到树洞里去了。 我给这棵树做了一个记号。 过了一段时间后，我们把这棵树砍倒了，把松鼠掏了出来，还掏出来了许多球果。 我们把松鼠带回家，养在笼子里。

有一次，一个小男孩把手伸到笼子里，松鼠一口就把那个小孩的手指咬破了——这个小家伙就是有这么厉害！ 我们给它拿来了很多云杉球果，它蛮喜欢吃云杉球果的，不过它最爱吃的还是榛子和胡桃。

●森林通讯员　斯米尔诺夫

我家的小鸭

我的妈妈在我家的母吐绶鸡窝里放了 3 个鸭蛋。

3 个星期之后，母鸡孵出了好几只小吐绶鸡和 3 只小鸭。它们还很脆弱，我们一直把它们饲养在暖和安全的地方。 过了一段时间之后，我们第一次允许母吐绶鸡带了小鸡和小鸭到户外去了。

我们家附近有一条水沟。 小鸭立马大摇大摆地走进沟里，游起水来了。 母吐绶鸡跑过来，急得团团转，它拼命地叫着："哦！ 哦！"它发现小鸭自由自在地在水里游着，完全不理会它的呼叫，它就安心地带着小吐绶鸡走开了。

小鸭子游了一会儿，觉得冷了，就从水里爬了出来，它浑身冷得直发抖，发出了痛苦的"唧唧喳喳"的叫声，却找不到取暖的地方。

　　我把它们捧在手里，用手帕盖住，送到屋里。它们立马安静了下来，就这样，它们在我的家里愉快地生活着。

　　早晨，我把3只小鸭放到户外，它们立马就会跳进水里。只要感觉到冷了，它们又会立马往家里跑。它们的翅膀还没有长结实，飞不上台阶，只知道叫唤。妈妈把它们捉到台阶上面，它们一进屋就径直朝着我的床边跑过来，然后站在那里，伸长脖子，拼命地叫唤。我正睡得香甜呢！妈妈干脆把它们捉到我的床上来，它们就毫不客气地钻进我的被窝，也睡起大觉了。

　　秋天到了的时候，我的小鸭子们长大了，我也被送进城里去念书了。鸭子们特别想念我，它们不停地叫唤着。我听到这个消息后，泪水止不住地流下来了。

　　◉森林通讯员　筱拉·米赫耶娃

星鸦之谜

　　我们这儿的森林里有这样一种乌鸦，它的个头比普通的灰色乌鸦小一点，而且全身都是斑点。我们当地人叫它星鸦，西伯利亚人叫它星乌。

　　星鸦喜欢收集松子，然后把这些松子贮藏在树洞里和树根底下，这是它们过冬的粮食。

　　在寒冷的冬天，星鸦就喜欢四处游荡，从这座森林飞到那座森林，饿了就飞到树洞里享用那些早就贮藏在那里的粮食。

它们是在享用自己贮藏好的粮食吗？ 不是。 每一只星鸦所享用的粮食，都不是它自己贮藏好的，通常都是它们的同族贮藏好的。 它们飞到一片陌生的小树林里的第一件事，就是马上开始寻找别的星鸦所贮藏的粮食。 它会仔细检查所有的树洞，试图在树洞里找到可以食用的粮食。

通常，藏在树洞里的粮食很容易就能找出来。 但是，有的星鸦把粮食藏在树根下和灌木丛下，在大雪覆盖的冬天可怎么找呢？ 然而，星鸦飞到灌木丛边，掘开灌木丛下面的雪，总能准确无误地找到别的星鸦藏在那里的粮食。 周围有上千棵乔木和灌木，星鸦怎么就知道这一棵树下藏着粮食呢？ 难道它们有什么特殊的记号？

我们找不到答案。 我们应该想出一些巧妙的试验来探索一下，星鸦究竟是用什么办法，在白茫茫的雪底下，找到其他星鸦贮藏的粮食的。

可怕

树上的叶子掉光了，森林变得光秃秃的。

一只小白兔趴在灌木下，两只眼睛在东张西望着。 它心里怕极了，周围总是响起"窸窸窣窣"的声音。 是老鹰在树枝间扑扇翅膀的声音，还是狐狸的脚爪踩踏落叶发出的"沙沙"的响声？ 这只小兔的毛色正在变白，白中夹杂着其他的颜色。

它热烈地期盼能下头一场雪！ 到那时，四周的雪又白又明亮，老鹰和狐狸就很难发现它了。 而现在，森林里五颜六色，地面上铺满了黄色、红色、棕色的落叶。

另外，万一猎人来了呢？ 该往哪里跑啊？ 脚下的枯叶只要一踩上去，就会"沙沙"作响，这是一个能被自己的脚步声吓到的季节！

小白兔继续趴在灌木丛下，把身体藏在青苔里，一动也不动地贴在一个白桦树墩上，它甚至都不敢深呼吸，两只眼睛转来转去。

好可怕啊！

"女巫的笤帚"

现在，树木都是光溜溜的，抬头一看，你会发现很多夏天看不到的东西。 你看那棵白桦树，上面仿佛挂满了秃鼻乌鸦的巢。 走近一看，那压根就不是什么鸟巢，而是一簇簇向四面八方伸开的干枯细树枝。 人们称呼它为"女巫的笤帚"。

你回想一下，那些女妖或巫婆的童话吧！巫婆驾着笤帚在空中穿梭，并用笤帚扫掉自己一路的痕迹。不管是巫婆还是女妖，她们都离不开笤帚。于是，她们在几种不同的树上涂上了一种药，使那些树的树枝上，长出像笤帚一样的细树枝。活泼的讲童话的人，都喜欢这样说。

当然，这种解释只是个童话故事。那么，科学的解释是什么呢？实际上，树枝上的这一束一束的小树枝，是因为一种病引起的。这种病是由一种特别的扁虱，或者说是由一种特别的菌类引起的。榛子树上的扁虱特别小，也特别轻，微风拂过，就能轻易把它们吹得满森林里乱飞。

扁虱落在一根树枝上，钻到叶芽里去，于是，它就这样在叶芽里住下了。其实，生长芽就是带有叶子的胚的茎。扁虱不会去动叶芽，它只吸取叶芽的汁液。但是，因为它们的咬伤和分泌物，叶芽患病了。病芽发育的时候，嫩枝也会以神奇的速度开始生长，它的速度是普通嫩枝生长速度的 6 倍。

病芽长成了一根短短的小枝，小枝又迅速长出侧枝，侧枝又长出侧枝。就这样，原来只有一个芽的地方，生长出一把形状怪异的"女巫的笤帚"。

"女巫的笤帚"是树木的一种常见病，它还会生长在桦树、赤杨、山毛榉、千金榆、槭树、松树、云杉、冷杉和其他各种乔木、灌木之上。

绿色的纪念碑

现在也是一个种树的好时节，你看，那些种树的活动进行得如火如荼。

这是一个快乐而又有益的事业，孩子们不甘心落在成年人的后面。他们小心翼翼地把冬眠中的小树挖出来，生怕伤害到树根，再把它们移植到新的地方去。第二年春天，小树就会从冬眠中醒过来，并开始茁壮成长，给人们带来欢乐和益处。每一个孩子，只要他栽培过小树，哪怕他只栽培过一棵小树，他都是在为自己竖立一座美妙的、活的纪念碑——一座永久的绿色丰碑。

孩子们非常聪明：他们建造了一些活篱笆，驻守在花园、菜园和校园的周围。活篱笆里种植了很多灌木和小树，它们不仅可以阻挡尘土和雪花，还可以吸引很多鸟儿在这里安居乐业。鸟儿们会在这里找到一个可靠的安身之地：夏天，我们的好朋友鹡鸰、知更鸟，黄莺以及其他的鸣禽，会在这里筑巢，孵育后代，它们还会热心积极地保护花园和菜园，防止害虫的侵犯。它们甚至会为我们哼出美妙欢快的乐曲。

还有些少先队员会在夏天的时候赶到克里木去，他们从那里带回来一种有趣的灌木——列娃树的种子。春天，播种下这些种子，就能造出非常好的活篱笆。不过，一定要在这种篱笆上挂个牌子——"请勿触摸"，这种活篱笆密实带刺，它就像一排威武的勇士，不允许任何人穿越它的这道防护线。

列娃树像刺猬一样，全身是刺，一旦被戳中，疼痛难忍；列娃树又像猫一样，会抓人；它还会像荨麻一样，灼伤人。

我们注视着，看哪些鸟会选择这个严厉的看守来充当自己的护卫者。

候鸟迁徙记（续完）

这好像很容易理解：既然有翅膀，那么它们爱往哪儿飞，就往哪儿飞！ 这里的天气变冷了，没有食物了，那就扇动起翅膀，向南飞到暖和一些的地方去。 那里的天气也变冷了——再往远处飞，随便飞到一个气候温和、食物充沛的地方，就可以停下来过冬了。

事实上，事情绝不会就这么简单！ 为什么我们这里的朱雀一直飞到印度去；西伯利亚的游隼却要飞过印度和几十个适合过冬的热带地方，最终飞到澳大利亚去呢！

由此可见，促使我们这里的候鸟越过崇山峻岭，漂洋过海，千里迢迢赶到那遥远地方去的原因，绝不仅仅是因为饥饿与寒冷，而应该是鸟类的一种不知由何而来的、非常复杂的、

不由自主的本能的感觉。

众所周知，在远古的时候，俄罗斯的大部分地区都曾经屡次遭受到冰河的侵袭。这里的大片平原被凶神恶煞的冰河以排山倒海之势给淹没了，后来，冰河又逐渐地退却了，如此退去又涌来，反复很多次——每个过程通常会持续几百年；地面上的所有的生物都因此丧失了性命。

而鸟类依靠它们的翅膀得以保全了性命。第一批飞走的鸟，占据了冰河边缘处的土地；第二批飞得更远一些。就这样，后去的鸟儿依次占据了不同的领地，就像玩跳马游戏一样。等到冰河退去的时候，被冰河逼走的鸟儿又飞回到了自己的故乡。飞得近的最先回来；飞得远一些的，下一批回来。

就这样，跳马游戏又倒过来进行了一次——这种跳马游戏进行得非常慢——跳完一次得用上几千年的时间！我们估计，鸟类就是在这样一个漫长的时间里，养成了迁徙的习惯：秋天，在天气要变冷的时候，离开自己的筑巢地；春天，大地变暖和的时候，再回到当初离开的地方。这样的习惯就像是"渗入了骨髓"，得到了永久性地保留。从此以后，候鸟每年从北往南飞。

有这样一个事实：在地球上，没有过冰河的地方，就没有候鸟迁徙的习惯，这不就可以印证我们的设想吗？

别的原因

但是，并不是所有的鸟儿都向南、向温暖的地方飞去，有些鸟儿是向别的地方飞去，它们是向北、向寒冷的地方飞去。

还有些鸟儿是这样的：因为我们这里的大地被深雪覆盖了，水也结冻了，它们找不到食物吃，于是就离开了我们这里。但是，只要我们这里的江河湖泊不再结冰，恢复了温暖的天气，原本待在我们这里的秃鼻乌鸦、椋鸟、云雀等，立马就会返回到我们这里来！绵鸭是绝对不会留在达拉克沙禁猎区过冬的，因为冬天的白海被厚厚的一层冰封起来。它们必须往北飞，飞到那些有墨西哥湾暖流流过的地域，那里的海水整个冬天都不会冻冰。

冬天，从莫斯科向南走，走到乌克兰，你就可以看到秃鼻乌鸦、云雀和椋鸟、山雀、灰雀和黄雀等。我们当地人也叫它们留鸟，而实际上，这些秃鼻乌鸦、云雀和椋鸟还要飞到更远一些的地方去过冬。你们大概不知道，有很多留鸟并不是一直居住在一个地方，它们也会迁移。只有城里的麻雀、寒鸦、鸽子和森林中、田野里的野鸡，全年就住在一个地方；其余的鸟，有的飞到近一些的地方去，有的飞到远一些的地方去，所以，你很难断定哪一种鸟是真正的候鸟，哪一种鸟只是移栖的鸟。

例如灰雀！这种红色的金丝雀，我们搞不懂它到底是不是移栖的鸟类。黄雀也是这样：灰雀飞到印度去过冬，黄雀飞到非洲去过冬。它们成为候鸟的原因，似乎跟大多数候鸟不同：它们不是因为冰河的侵袭而退却变成了候鸟，而是其他的原因。

　　还有雌灰雀，看上去它就是一只普通的麻雀，而实际上它的头和胸脯格外红。 更让人惊讶的是黄雀，它浑身上下全部都是纯金色的，两只翅膀却是黑色的。

　　你禁不住要感叹："这些鸟儿的服装真华丽……在我们北方，它们属于异乡鸟吗？ 它们是不是来自遥远的热带地区的小客人呀？"

　　好像是这样。 其实就是这样！ 黄雀就是典型的非洲鸟，而灰雀就是印度鸟。 或许存在这种可能性：这些鸟类曾经因为繁殖过剩的现象，迫使那些年轻的鸟飞到别的地方，为自己找到新的居住地，并在那里孵化小鸟。 慢慢地它们开始向鸟类比较稀少的北方转移。

　　夏天的北方并不冷，即使是刚出生的光溜溜的雏鸟也不会被冻感冒。 如果天气转凉，还没有食物，它们可以再回到故乡去。 在故乡，也有雏鸟已经孵了出来，它们会融洽地住在一起，它们是不会驱逐同类的！ 春天一到，它们又要飞到北方去。 它们就这样，飞来飞去，飞了几千几万年。

迁徙的习惯就这样形成了：黄雀往北飞，经过地中海抵达欧洲；灰雀从印度往北飞，经过阿尔泰山脉飞到西伯利亚，接下来再往西飞，经过乌拉尔再往前飞。

还有一种设想，说迁徙的形成，是由于某些鸟类逐渐适应了新的居住地。 例如灰雀，最近几十年来，我们亲眼见证了这种鸟在越来越往西边迁移，甚至拓展到了波罗的海岸边，并且它们依旧会飞回到故乡印度去过冬。

这些关于迁徙习惯的假定，确实有一定的道理。 但是，关于迁徙，还有很多的未解之谜。

一只小杜鹃的故事

这只小杜鹃就诞生在一个红胸鸲的家庭，它们的家就安置在我们彼得格勒附近的泽列诺高尔斯克的一座花园里。

你们别好奇，它怎么会孤零零地待在一棵老云杉树根旁的一个舒适的巢里。 你们也别好奇，这只小杜鹃的养父母——红胸鸲为此付出了多少艰辛。它们倾其所有才把这只个头比它们大3倍的好吃鬼给喂养大。

有一天，花园的管理人走到它们的巢旁，掏出已经长出羽毛的小杜鹃，仔细地打量了一番，又放了回去。

红胸鸲夫妇俩被吓得直哆嗦。 小杜鹃的左翅膀上有一个由白色羽毛构成的斑点，看上去非常明显。

最后，小小的红胸鸲夫妇终于把它们的养子给喂养大了。但是飞出巢后的小杜鹃，还是每次一看见它们，就张开红黄色的大嘴叫唤着要东西吃。

10月上旬，园里的树木基本上都变得光秃秃的了，只有一棵橡树和两棵老椴树的树叶，还色彩分明地挂在树枝上。 在这个时候，我们找不到小杜鹃的影子。 而那些成年的杜鹃，早在一个月以前，就从我们这里的森林飞走了。

那个冬天，这只小杜鹃和我们这里其他的杜鹃一样，是在南非度过的。 每年夏天，它们从那里飞到我们这里来。

而今年夏天，就在前不久，管理人看见一棵老云杉上落着一只杜鹃，他担心这只杜鹃会去破坏红胸鸲的巢，就用气枪把它打死了。

这只杜鹃的左翅膀上，有一个非常明显的白斑。

破解不完的谜

我们关于候鸟迁徙的起源的假定，或许是正确的，然而，还有一些问题我们应该如何解答呢？

候鸟的迁徙路程，通常都有几千千米长。 它们是如何记住这条路的呢？

过去，人们认为，每一个迁徙的鸟群，至少有一只老鸟带领着所有年轻的鸟儿，沿着它所熟悉的路线，从居住地飞往过冬的地方去。 现在，人们已经准确无误地证实了：今年夏天刚从我们这里孵出的一群鸟儿，在迁徙过程中，并没有一只老鸟带领。有些鸟类是这样的，年轻的鸟比老鸟还要先飞走。但是，无论怎样，年轻的鸟都能如期到达过冬的地方，甚至丝毫不差。

真的太奇怪了。就算那些长着小小的头颅的老鸟能记住千万千米长的路程，因为我们有"老马识途"的这种说法。但是，两个月以前才出世的雏鸟，还没有出过远门，它怎么能认识这条迁徙的路呢？我们实在是百思不得其解！

就说我们泽列诺高尔斯克的那只小杜鹃吧！它是怎么辨别出那条去南非过冬的路线呢？实际上，那些老杜鹃，都早在它动身的一个月前就飞走了，根本就没有什么老鸟来给那只小杜鹃指引道路。杜鹃是一种性格孤僻的鸟类，不喜欢成群结队，哪怕是在迁徙的时候，它们都会单独上路。并且那只小杜鹃是红胸鸲喂养大的，而红胸鸲的过冬地是高加索。那么，我们的小杜鹃是如何飞到南非去的呢？而回来以后，它又是如何找到红胸鸲把它哺育大的那个鸟巢的呢？

年轻的鸟是如何知道它们应该飞往的过冬地呢？

亲爱的《森林报》的读者们，希望你们能好好地研究一下鸟类的这个秘密。当然，很可能这个秘密还得留给你们的孩子去研究！

要破解这个秘密，首先就得放弃诸如"本能"之类的很难懂的字眼。一定要想出很多个巧妙的试验去探索，要彻底弄清楚：鸟类的智慧和人类的智慧存在什么区别？

风的等级

等级	风的名称	时速和秒速	风的强度

7　　疾风　　秒速 = 13.9 ~ 17.1 米　时速 = 50 ~ 61 千米　迎风行走有点费力，轻度大浪，浪花被吹得四处飞溅。

8　　大风　　秒速 = 17.2 ~ 20.7 米　时速 = 62 ~ 74 千米　迎风行走非常困难，小树枝被吹断。中度大浪，渔船不能出航。

9　　烈风　　秒速 = 20.8 ~ 24.4 米　时速 = 75 ~ 88 千米　建筑物有轻微的损伤，屋顶的瓦片会被吹掉。

10　　狂风　　秒速 = 24.5 ~ 28.4 米　时速 = 89 ~ 102 千米　破坏性很强。

| 11 | 暴风 | 和信鸽的速度一样 | 破坏性非常强。 |
| 12 | 飓风 | 秒速＝32.7~36.9米
和隼鹰的速度一样 | 破坏性极大。 |

幸运的是我们国家很少发生暴风和飓风。

农庄生活

拖拉机停止工作了。在集体农庄里，亚麻的分类工作即将结束，最后几批载着亚麻的货车，正在陆续地向车站开去。

现在，集体农庄的庄员们正在讨论着新收成的问题。特种选种站为全国的集体农庄培育了黑麦和小麦的优良新品种，庄员们就是在讨论这些麦子的事情。田里的工作基本结束了，但是，家里的工作增加了。现在，庄员们正集中精力处理好家畜圈的事情了。

集体农庄的牛羊被赶进了畜栏里，马也都被牵进马厩里去了。

田野里光秃秃的。成群结队的灰色山鹑，在人们居住地的附近打尖、休息。它们就在离谷仓不远的地方过夜，偶尔还会飞到村庄里来。

打山鹑的季节已经过去了。有枪的庄员们现在开始去打兔子了。

昨天

胜利集体农庄的养鸡场里灯火通明。现在的白天缩短了，庄员们只好用灯光照亮养鸡场，延长鸡的散步时间和进食时间。

鸡群一片欢腾。电灯一亮，它们立马就会扑到炉灰里洗"干沙浴"。一只非常喜欢寻衅闹事的大公鸡，歪着脑袋，斜视着电灯，"咯咯"地直叫唤，仿佛在说："你敢挂得再低一些，我一定啄你！"

美味又营养

干草末是所有饲料的最佳调味料。它是用上好的干草磨制而成的。

要想让吃奶的小猪快快长大，那就喂给它们干草末吧！要想让下蛋的母鸡天天下蛋，那就喂给它们干草末吧！它们会"咯咯哒！咯咯哒！"地向你表达赞美之意呢！

来自果园的报道

果农们正在忙着整修苹果树。他们要把苹果树收拾得干干净净，漂漂亮亮的。苹果树身上布满了灰绿色的苔藓，其他什么也没有。果农们把这些苔藓清理得干干净净，因为那是害虫的藏身之地。

接下来，庄员们在树干和下面的树枝上刷上了一层石灰，这有助于防止苹果树再生害虫，也能防止苹果树被太阳灼伤，还能保护它们不被寒气冻坏。现在，苹果树披上了这身白衣裳，看上去非常漂亮。

适合老年人采的蘑菇

在黎明集体农庄，居住着一位百岁的老婆婆阿库丽娜。我们《森林报》的记者去访问她的时候，她的家人告诉我们，她去采蘑菇了。

阿库丽娜老婆婆回来的时候，拎了满满的一口袋洋口蘑，她说："那些单独生长的蘑菇，非常不好找。我老了，更加找不到了。所以，我采回来的蘑菇是那种非常好找的蘑菇，只要你在一个地方发现了一个，你就会在附近找到一大片，我最喜欢采这种蘑菇。人们把这种蘑菇叫做洋口蘑。它们还有一种蹲在树墩上的习惯，非常显眼，这种蘑菇最适合我们老婆婆采！"

冬前的播种

菜农们正在田里播种莴苣、葱、胡萝卜和香芹菜。

当种子撒在冰凉的土里之后，队长的孙女儿皱着眉头说，她听到了种子的埋怨声："你们最好不要播种，天气这么冷，我们是不会发芽的！你们爱发芽！自己发去吧！"

实际上，菜农们之所以这么晚才播下这批种子，就是因为它们在秋天不能发芽。

　　可是，只要春天一到，它们就会最先发芽，最先成熟。尽早地收获到莴苣、葱、胡萝卜和香芹菜，不是很好吗？

●尼·巴布罗娃

城市新闻

动物园里的情况

动物园里的鸟兽，从夏天的露天住所，搬到冬天的住宅里来了。它们的住宅里配备着火炉，整个住宅被烧得暖暖和和的。所以，野兽们都不准备过漫长的冬眠生活。

园里的鸟儿也不再飞到笼子外面去。它们在一天之内，就能感受到寒冷和温暖的差别。

没有螺旋桨的飞机

最近，总有一些奇怪的小飞机，在城市的上空盘旋。

行人们经常会在街心停住脚步，抬起头，惊讶地注视着这些飞机缓慢地兜圈子。他们互相问道：

"看见了吗……"

"看见了，看见了。"

"好奇怪，怎么听不到螺旋桨的声音？"

"可能是因为飞得太高？你看，它们看上去非常渺小啊！"

"可是，就是降低了，也听不到螺旋桨的声音啊！"

"怎么回事？"

"它们压根就没有螺旋桨。"

"居然没有螺旋桨！难道说这是一种新型的飞机？什么型的啊？"

"是雕！"

"开什么玩笑！彼得格勒怎么会有雕？"

"有的，它们叫金雕。它们正在搬家——向南飞。"

"原来是这样的啊！是的，现在我也看清楚了，是金雕在盘旋。如果不是你告诉我，我还以为是飞机呢！真的很像飞机！它们的翅膀居然都不用扇动一下。

快去看野鸭

最近几个星期以来，在涅瓦河上的斯密特中尉桥附近，还有在彼得罗巴甫洛夫斯克要塞附近和其他地方，时常会出现一大群形状怪异、多姿多彩的野鸭。

有像乌鸦一样黑的鸥海番鸭，有钩嘴和翅膀上带白斑的斑脸海番鸭，有尾巴像小棒槌一样的杂色的长尾鸭，还有黑白两色相间的鹊鸭。

城市里传来了阵阵的嘈杂声，它们丝毫不予理会。

哪怕是黑色的蒸汽拖轮冲开波浪，迎面驶来，它们也不会害怕。它们只是往水里一扎，然后又在几十米开外的地方钻出水面。

这些潜水的野鸭，是沿着海上飞行路线迁徙的鸟类。它们会在每年的春天和秋天，到我们彼得格勒来做客。

当拉多牙湖中的冰块流到涅河里的时候，它们也就离开我们了。

老鳗鱼的最后一次旅行

秋天席卷大地，也席卷到了水底。河水变得越来越凉了。

老鳗鱼踏上了它们的最后一次旅行。它们从涅瓦河出发，经过芬兰湾、波罗的海和北海，一直游到深深的大西洋里去。

它们一辈子都生活在河里，但是，现在它们不会再回到

河里去。它们要在几千米深的海洋里，找到自己的坟墓。

但是，在死之前，它们要产完最后一批卵。实际上，海洋的深处非常温暖，那里的水温大概有 7 度。过一段时间之后，鱼卵会在那里变成像玻璃般透明的小鳗鱼。几十亿条小鳗鱼也要旅行，它们踏上了长达 3 年的旅行，最后，涅瓦河就是它们的目的地。

它们将长期生活在涅瓦河里，然后长成大鳗鱼，甚至老鳗鱼。

追猎

郊外的追逐

在这个秋天的早晨，空气格外清新。一个猎人扛着枪来到了郊外。他牵着两只用短皮带拴在一起的猎狗。这两只猎狗胸脯宽阔，长得非常壮实，黑色的皮毛里夹杂着棕黄色的斑点。

猎人走到小树林边，解下猎狗的皮带，放开它们到小树林里去寻找猎物。两只猎狗都蹿进了灌木丛里。

猎人悄悄地沿着树林边走，他走在狭窄的小路上，因为野兽通常会穿行在这种小路上。

他站在灌木丛对面的一个树墩后面，那里隐约有一条林间小路，一直延伸到了山下面的小峡谷里。

他还没来得及站稳，猎狗就发出了"汪汪"的讯号。

老猎狗多贝华依最先叫起来了，它的叫声低沉而嘶哑。接着，年轻的札利华依也"汪汪"地叫了起来。

猎人根据叫声就知道，猎狗们在追逐野兔，把野兔从林子里轰出来。雨水把秋天的地面弄得尽是烂泥，地面也因此变得黑乎乎的。现在，两只猎狗正用鼻子嗅着野兔的足迹，在这烂泥地上追赶着。

野兔很聪明，它在兜圈子，兜得两只猎狗团团转。

哎呀，笨蛋！野兔在那里啊！那野兔的棕红色皮毛不是在山谷里一闪一闪的嘛！

猎人没有抓住机会……

两只猎狗紧追着兔子，在山谷里狂奔，多贝华依在前面，札利华依伸着舌头跟在后面。

没关系的！我的猎狗会把它追回到树林里来的。多贝华依非常执著，它只要发现了一只野兽的兽迹，就不会轻易放弃。它绝对是一只熟练的猎狗！

它们在来回奔跑，兜着圈子跑，野兔又跑到树林里去了。

猎人心想："野兔，你迟早要跑到这条小路上来的。我不会再放过你的！"

突然，没动静了……接着……

咦！怎么回事？

为什么两只猎狗在不同的方位叫唤呢？

过了一会儿，带头的老猎狗索性不叫了。只有札利华依独自在那叫唤。

又过了一会儿，札利华依也不叫了。

猎人正在疑惑不解的时候，带头的猎狗多贝华依叫起来了，并且这一回的叫声跟刚才完全不一样，明显要比刚才的激烈，正在这时，札利华依也尖着嗓子，拼命地叫了起来。

原来，它们发现了另外一只野兽的踪迹！

到底是什么野兽呢？反正不会是野兔的，好像是红色的。

猎人连忙给猎枪换上了子弹，装上了最大号的霰弹。突然，野兔从小路上蹿过去了，跑到田野里去了。猎人看到这只野兔了，不过他没有开枪。

猎狗把猎物追到了猎人附近，两只猎狗分别发出了愤怒的嘶吼声和疯狂的尖叫声……突然，一个有着火红的脊背、雪白的胸脯的东西，冲到小路上来了，就是兔子刚才蹿过的灌木丛之间的小路……它径直向猎人冲过来了。

猎人举起了枪。那个小东西发现了猎人，它急忙甩动着它那蓬松的尾巴！

太迟了！

"砰！"击中了的狐狸应声向上一蹿，然后直挺挺地摔在地面上了。

猎狗急忙从树林里跑了出来，向狐狸扑了过去。它们用锋利的牙齿死死地咬住狐狸的火红色毛皮，撕扯着，眼看要撕破了！

"放下！"猎人厉声呵斥着，他大步地跑了过去，赶紧从猎狗嘴里夺下了这珍贵的猎物。

地面下的搏斗

在我们集体农庄附近的森林里，有一个非常出名的大獾洞，这个洞的年代相当悠久。人们叫它"洞"，而实际上，这根本就不算洞，它是一座被世世代代的獾纵横掘通了的山冈。山冈里面纵横交错着许许多多的通道。

塞索伊奇带着我去观看了那个"洞"。我仔细地观察了一番这个山冈，认真地数了一数，总共有 63 个洞口。实际上，远不止这些——在山冈下的灌木丛里，还隐藏着一些很难看出来的洞口。

很明显就可以看出，在这个宽敞的地下隐蔽居所里，不仅仅住着獾。在几个洞口处，成群结队的甲虫在蠕动着，有埋葬虫、推粪虫和食尸虫。它们在啃食着被丢弃的山鸡骨头、松鸡骨头和长长的兔子的脊椎骨。只有甲虫才会啃食这些骨头，獾是不会这样做的，它不吃鸡和兔子。并且獾特别爱整洁，它绝对不会把吃剩的食物或其他脏东西丢在洞里或洞口附近。

事实上，这些野禽和鸡的骨头就在提示着我们：这里居住着一群狐狸，它们是獾的邻居，也住在这座山冈的地下。

有些洞被掘坏了，变成了壕沟。

塞索伊奇说："我们这里的猎人费尽了力气，想把这些狐狸和獾挖出来，可是都失败了，那些狡猾的狐狸和獾溜到地底下的通道去了，任你怎么找也找不到，就算你用铲子去挖，也挖不出来。"

他沉默了一下，继续说："现在我们来试一下，看能不能用烟把里面的家伙给熏出来。"

第二天早晨，塞索伊奇、我，还有一个小伙子，我们3个人有说有笑地向山冈走去。

我们3个人忙活了半天，才把这个地下洞府的所有洞口都给堵上了，只留下山岗上面的一个和山冈下面的两个没有堵上。我们捡来了一大堆的松枝和云杉枝，放在下面的那个洞口边。

我和塞索伊奇分别站在上面的洞口附近，躲在小灌木丛的后面。被我们笑称为锅炉工的小伙子，在洞口点起火来。等火烧得很旺的时候，又添加许多云杉枝。很快，火堆上浓烟滚滚。紧接着，烟就好像钻进了烟囱似的，直接冲到洞里去了。

负责射击的我和塞索伊奇，迫不及待地盯着上面的洞口，期待着浓烟从洞口冒出来。狡猾的狐狸应该会立马蹿出来吧？或者会滚出一只笨重的肥獾子？还有可能，此刻的它们都在那地下洞府里被烟熏迷了眼睛？

然而，洞里的野兽非常能忍耐！

我看见烟从塞索伊奇那边的灌木丛后面升起来了，我的身边也是烟雾缭绕。

现在，你马上就会看到：野兽打着喷嚏和响鼻从洞口跳出来了。肯定还不止一只，我们已经端好了枪——绝不能让那动作敏捷的狐狸逃掉了！

烟越来越浓，一团团的烟，翻滚着，往外冒，弥漫到了整个灌木丛的旁边，我被熏得睁不开眼睛，眼泪止不住地流下来了。我开始担心，说不定在我们抹眼睛的时候，野兽会逃走了！

野兽依旧没有出来。

我用双手托着抵在肩膀上的枪，累极了。实在支撑不住了，我把枪放下来。

我们继续埋伏在那里，等待着。小伙子使劲地往火堆里添树枝。还是看不到野兽的踪影。

我们只好放弃了。在回家的路上，塞索伊奇闷闷不乐地说："你以为它们被烟给熏死了吗？没有，老弟，它们才不会被熏死！因为烟在洞里是向上升的，但是它们已经钻到地底下去了。谁知道它们那个洞到底有多深呀！"

这次的失败使小络腮胡子的塞索伊奇非常沮丧。为了安慰他，我跟他讲了有关大型猎犬——兔猼①和狐猼②的故事，它们能钻到洞穴里去捉獾和狐狸。塞索伊奇听完了立马精神抖擞，他要求我，无论如何也要给他弄这么一只猎狗来！

我只好答应他，我尽量去给他弄。

没过多久，我就到彼得格勒去了。我的运气真好：一位猎人朋友，把他心爱的一只兔猼借给了我。

回到村庄，我把小狗带给塞索伊奇看，他竟对我发起脾气来了，说："你什么意思？想来嘲笑我吗？这只小老鼠，别说是老公狐，就是小狐狸，也能把它咬死再吐出来。"

塞索伊奇身材矮小，他非常不满意自己的小个头，看到任

---

①兔猼是一种身长腿短、叫声响的德国种猎狗，能把躲在洞里的野兽吓唬出来。
②狐猼是一种特别会猎狐狸的狗。

何小个子，甚至包括狗，他也会耿耿于怀。

鼋猩的外形确实非常滑稽：特别矮小，身子却很长，四条小腿歪歪扭扭的，好像得了病瘘似的。然而，当塞索伊奇随意地向它伸过手去的时候，这只丑陋的小狗，竟龇出锋利的牙齿，恶狠狠地咆哮着，迅猛地向他扑过去。塞索伊奇连忙向一旁闪去，他感叹道："真凶呀！"然后就不说话了。

然后，我们带着鼋猩去山冈打猎了。刚走到山岗前，小狗就暴跳如雷地朝着兽洞冲了过去，几乎快把我的手挣脱臼了。我刚把它从皮带上解下来，它就钻进那黑乎乎的洞里去了。

人类为了适应自己的需要，培育出了很多奇异的犬种。其中很奇怪的一种，大概就包括这种个头小小的地下猎犬鼋猩了。它那像貂一样细瘦的体型，最适合钻洞了；它那锋利的脚爪像钩子一样，挖起泥土来非常方便，它还会用脚爪使劲抵住泥土；它的嘴脸又窄又长，一旦咬住猎物，就死命不放。

我站在兽洞上面忐忑不安地等着，不知道这场由训练有素的猎犬和森林里的野兽进行的决斗，谁会胜出，谁将被击败？万一这只小猎狗战死了，我该怎样跟他的主人交代啊？要知道，这可是他的主人最心爱的小猎狗啊！

地下的追捕正在进行中。透过厚厚的泥土，我们还是听到猎狗响亮地叫吼声，那声音仿佛不是从我们脚底下传来的，而是从一个遥远的地方传来的。

叫声越来越近，越来越清晰了。叫声也变得狂怒了，甚至有些嘶哑。叫声更近了……但是，又突然离远了。

我和塞索伊奇焦急地站在山冈上，双手紧握着猎枪，握得手指都发麻了。叫声时而从这个洞口传出来，时而从那个洞口传出来……完全捉摸不定。

突然叫声停止了。

我意识到：小猎狗正在黑暗地道里的某个通道里，追上了野兽，它们正在厮杀呢！

这时我才忽然想到，应该带上铁锹的——通常猎人带着这种小猎狗打猎的时候，都会带上铁锹的，等猎狗在地下跟野兽搏斗的时候，就赶紧用铁锹挖开它们上面的泥土，以便帮助猎狗在搏斗失利的时候逃出来。当然，这个方法只适合搏斗在离地面大约一米的地方进行。然而，这个洞是如此深，连浓烟都派不上用场，更不用说帮助猎狗了。

我该如何是好呀！凫猩一定会死在这深洞里的。可能在这个深洞里，它需要单独面对好几只野兽。

忽然，嘶哑的狗叫声又传来了。

正在我准备大舒一口气的时候，叫声又停止了。

我和塞索伊奇忍不住地有些难过，在这只英勇的小狗的墓穴前，默默地站立了很久。

我不忍心离去，塞索伊奇打破了沉默，他说："老弟，咱俩不应该这么糊涂啊！小狗一定是遇到老狐狸或老獾子了。"

塞索伊奇停顿了一下，补充说："要不咱们走吧？或者，再等一会儿。"

突然，从地下传来了"窸窸窣窣"的声音。

地洞口处露出了一条尖尖的黑尾巴，然后是两条弯曲的后腿和细长的身躯，整个身躯沾满了泥土和血迹——凫猩非常费力地往外拱着。这真的是太出乎意料了！我高兴地跑了过去，抓住它的身躯，使劲地往外拖。

一只肥胖的老獾子，跟着小狗后面，被我们拖出来了。老獾子已经死了，但是小猎狗还是死命地咬住不放，好像生怕这个大家伙再活过来似的。

◉本报特约通讯员

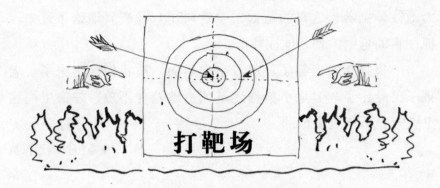

第八场竞赛

1. 兔子奔跑，是上山容易，还是下山容易？

2. 树木落叶的时候，什么鸟的秘密会被我们发现？

3. 什么动物在树上给自己晾晒蘑菇？

4. 什么动物夏天住在水里，冬天住在地下？

5. 鸟儿会为自己采集、贮藏过冬的食物吗？

6. 蚂蚁打算怎么过冬？

7. 鸟骨头里有什么？

8. 秋天，猎人最好穿什么颜色的衣服？

9. 鸟儿是在夏天受伤的危险性比较大，
   还是秋天比较大？

10. 这幅画画的是谁的脑袋？

11. 蜘蛛是昆虫吗？

12. 冬天，青蛙躲在哪里？

13. 右面画的分别是生活在树上、地上
    和水上的三种鸟的脚爪。请问三种

脚爪分别属于哪一种鸟？

14. 什么动物的脚掌是向外反拐的？

15. 这是长耳鸮的脑袋。请指出它的耳朵在哪里？

16. 一直往下掉，掉到水面上；但是不会下沉，也不会把水弄浑。（谜语）

17. 走啊，走啊，老是走不完；捞啊，捞啊，老是捞不完。（谜语）

18. 这种草只长一年就比院墙还要高。（谜语）

19. 不管你跑多久，你都跑不到；随便你飞多久，你也飞不到。（谜语）

20. 乌鸦长到3年后会做什么？

21. 在水里洗了半天的澡，出来还是干燥的。（谜语）

22. 我们穿它的皮，扔掉它的头。（谜语）

23. 不是国王，头戴王冠；不是骑士，脚穿踢马刺；每天清晨早早起，也不许别人睡大觉。（谜语）

24. 长着尾巴，但不是兽；长着羽毛，但不是鸟。（谜语）

通 告

第七次测验题

"神眼" 称号竞赛

这是哪种动物干的？

1. 什么动物动过这里的云杉球果，还把它们丢在地上？

2. 什么动物在树墩上把球果啃得只剩下个心儿？

3. 什么动物把榛子凿了个小洞，只吃里面的仁？

4. 什么动物把蘑菇搬到树上，挂在树枝上？

5. 什么动物在老桦树的树干上，圈着一些一样大小的小洞？它们为什么要这样做？

6. 什么动物给牛蒡加过工？

7. 什么动物用大脚爪抓破树干，把云杉树皮撕下来给自己用？它要用树皮做什么？

8. 什么动物破坏了森林里的树木，啃掉了树皮，还咬断了很多树枝？

行动起来

我们应该收回啮齿动物从田里偷走的粮食，只要学会寻找和挖掘田鼠洞就可以了。

这一期的"森林报"已经报道过了，这些小家伙从我们的田里偷走了大批的精选粮食，搬运到了它们的储藏室里了。

请勿打扰

我们为自己准备好了温暖的冬季住宅，打算一直睡到春天。

我们不会妨碍到你们，请你们也不要打扰我们。

——熊、獾、蝙蝠

森 林 报

No. 9

冬客来临月
（秋季第三月）

11 月 21 日——12 月 20 日　　　　　太阳进入人马宫

栏　目

一年 12 个月的阳光组诗

11 月，一半是秋天，一半是冬天。 11 月是 9 月的孙子，是 10 月的儿子，是 12 月的哥哥。 11 月在大地上插满了严寒的钉子； 12 月在大地上建造了冰冷的铁桥。 11 月骑着有斑纹的骏马出巡：地面上到处都是烂泥和雪堆。尽管 11 月这座铁工场的规模很小，铸造的枷锁却足够封锁整个俄罗斯：池塘和湖沼都冻冰了。

现在，秋天开始完成它的第三项任务：脱掉森林没有脱干净的那点衣服，给水套上枷锁，再用雪被把大地覆盖起来。森林里一片凄凉：黑沉沉、光秃秃的树木，被冷雨打得全身都湿了。只有河面上是亮晶晶的，那是冰铺在上面发出的光亮，但是你千万不能走过去踩它一脚，它会"喀嚓"一声，裂了开来，把你掉进冰冷的河水里。雪被严严实实地覆盖着大地，秋播的庄稼也停止了生长。

毕竟，现在还没有到冬天，这只是冬天的序幕。几天不见的太阳，还会冒出来的。太阳一出来，所有的生物都欢腾了，看，它们有多么高兴呀！一群黑色的蚊虫从树根下钻了出来，飞到天空中；一朵朵金黄色的蒲公英、款冬花在你的脚下怒放——这都是春天才开放的花儿呢！雪也渐渐融化……不过树木并没有被唤醒，它继续沉睡，直到明年的春天。

现在，进入伐木的季节了。

森林记事

莫名其妙的现象

刚才，我掘开了雪，看了看我的一年生的植物，它们是一些春天发芽，秋天死亡的草类植物。

但是，今年秋天，我发现它们并没有都死掉。现在已经是11月了，但是不少草类依旧绿意盎然。顽强的雀稗还活着呢！这种草通常都生长在乡村的房前屋后。它的小茎错综交织着，铺满了整个地面，小小的叶子很狭长，粉红色的花朵也是小小的，不大引人注目！

矮小的、灼人的荨麻也还活着。夏天的荨麻非常讨人厌——当你在田垄上除草的时候，你的双手一不小心就会被它戳出水疱来。但是现在，在万物沉睡的11月，你若看到它，你会觉得非常愉快。

蓝堇也还活着呢！你还记得它吗？这种漂亮的小植物，有着微微分开的小叶子和细长的粉红色小花，花尖的颜色更深一些。难道你忘了吗？你经常在菜园里看到它。

这些一年生的草，都还活着呢！但是初春的时候，你就看不到它们了。那么，现在是下雪的季节，它们怎么就能在积雪地下过活呢？我不大理解，我得去问个明白。

◉尼·巴布罗娃

森林里并不是一片死寂

冰冷的寒风在森林里肆虐着。光秃秃的白桦树、白杨树和赤杨树在狂风中摇晃着，发出"沙沙"的响声。最后一批候鸟在匆匆忙忙地离开故乡。

我们这里的夏鸟还没有完全飞走，冬天就已经降临了。

鸟儿们的习惯不尽相同：它们有的飞到高加索、外高加索、意大利、埃及和印度去过冬；有的继续待在我们彼得格勒过冬。实际上，我们这里的冬天也很暖和，它们冻不着，还能吃得饱饱的。

飞翔的花儿

沼泽上，赤杨的黑枝突兀地岔开着，看上去非常凄凉！树枝上，连一片树叶都没有，地面上，一棵青草也不长。懒洋洋的太阳好不容易才从灰色的乌云后面探出脸来了。

忽然，黑色赤杨的树枝上有五彩缤纷的花儿在飞舞着。这些花儿非常大，有白的，有绿的，有红的，还有金黄色的。它们纷纷扬扬的，有的落在赤杨树枝上，有的粘在桦树那白花花的树皮上，有的落在地面上了，还有的正在空中飘舞着。落在树上的花儿就像为树木点缀上了闪亮的色彩，飘在空中的就像挥舞着鲜艳翅膀的小精灵。

它们发出了芦笛般的声音，交相呼应着！它们从地面飞到树枝上，从一棵树飞向另一棵树，从一片小树林飞到另一片小树林。它们究竟是什么？来自哪里？

来自北方的鸟儿

从遥远的北方飞过来的小鸣禽，是我们这里的客人。它们是：有着红胸脯红脑袋的朱顶雀；烟灰色的太平鸟，它的翅膀上有5道红羽毛，就像5根手指头一样，它的脑袋上还有一撮冠毛；深红色的松雀；绿色的雌交嘴鸟和红色的雄交嘴鸟；还有金绿色的黄雀；黄羽毛的小金翅雀；身体胖胖的、胸脯鲜红美丽的灰雀。这些鸟儿都生活在北方，现在的北方十分寒冷，所以它们飞到我们这里来了，它们觉得我们这里暖和多了。

而我们本地的黄雀、金翅鸟和灰雀，都飞到更温暖的南方去了。

黄雀和朱顶雀喜欢吃赤杨子和白桦子。太平鸟和灰雀则喜

欢吃山梨和浆果。交嘴鸟爱吃松子和云杉子。客人们在这里每天都吃得饱饱的。

来自东方的鸟儿

你看！矮小的柳树丛中，突然开出了华丽的白玫瑰花。这些白玫瑰在树丛中飞来飞去，还不时地伸出它们那黑色的小钩爪，东挠挠，西抓抓。花瓣一样漂亮的小翅膀在空中忽闪着，空中还响起了它们轻盈的啼啭声。

这些白玫瑰就是山雀！

它们不是从北方来的，而是从那遥远的东方来的，它们越过那风雪咆哮的西伯利亚，飞过那山峦叠起的乌拉尔区，终于来到了我们这里。此刻，它们的故乡已经进入寒冬，深雪也早就将那些柳树丛淹埋了。

该睡大觉了

灰蒙蒙的乌云遮蔽了太阳，天空中飘落着湿漉漉的灰色雪花。

一只胖乎乎的獾子，气愤地哼哼着，它摇摇晃晃地朝着自己的洞口跑去！它心里非常不满：森林里到处都是泥泞，还非常潮湿。是时候钻到干燥、温暖的地下洞穴里去了！该睡大觉了！

不过，森林里还有羽毛蓬松的小乌鸦——噪鸦——在打架呢！它们全身湿淋淋的，咖啡色的羽毛在雪地里闪烁着。它们在搏斗的时候，喜欢厉声地大叫。

一只老乌鸦突然"哇"的一声从树顶上飞了下来。原来它发现了不远处有一具野兽的尸体。它扇动着乌黑发亮的翅膀，飞了过去。

林子里一片寂静。灰色的雪花纷纷扬扬地落在黑乎乎的树木和褐色的土地上。地面上的落叶正在腐烂。

雪越下越大。鹅毛般的大雪倾泻而下，把树枝和大地都掩盖起来了……

受到严寒的侵袭，我们彼得格勒省的河流——伏尔霍夫河、斯维尔河和涅瓦河——先后都结冻了。之后，芬兰湾也封冻了。

最后一次的飞行

11月的最后几天，天气突然变暖和了。但是，堆积在一起的雪，并没有出现融化的现象。

早上，我走到屋外去散步。看见灌木丛和林间的大路上，到处都飞舞着黑色的小蚊虫。它们无精打采地飞舞着，从地面的某个地方升起来，像是被风吹起似的，它们飞了一个半圆圈，接着又东倒西歪地落在雪地上了。

午后，雪开始融化，树上的雪块掉下来了。你仰起头，雪水就会滴在你的眼睛里，要么就是一团又湿又凉的雪尘，洒在你的脸上。这时，不知道从哪里冒出来了一大群黑乎乎的小蝇子。夏天的时候，我从来没看见过这种小蚊虫和小蝇子。小蝇子似乎心情很好，它们紧挨着雪地，低低地飞着。

傍晚的时候，天气又转凉了一些，而小蝇子和小蚊虫又躲藏起来了。

●森林通讯员　维利卡

貂捕松鼠

有一群松鼠游牧到了我们这里的森林里。它们北方的老家正在闹饥荒，球果严重匮乏。

松鼠们分散地坐在松树上，它们用后爪抓住树枝，用前爪捧住球果拼命地啃食。

忽然，一只球果从松鼠的脚爪里滑落到雪地上去了。松鼠不忍心丢弃它，就叫嚣着，从一根树枝跳到另一根树枝上，然后蹦到地面上了。

它在雪地上蹦着蹿着，后腿一蹬，前脚一撑，一直向前跳着……

忽然，它看到一个枯枝堆里露出一团黑乎乎的毛皮和一双锐利的小眼睛……松鼠忘记了那颗球果。它蹿到了旁边的树上，接着又顺着树干往上爬。突然，一只貂从树堆里跳了出来，紧跟在松鼠后面。这时，松鼠已经爬到树梢上了，貂继续顺着树干往上爬。

松鼠一个跳跃，就跳到另一棵树上去了。

貂缩起它那像蛇一般窄细的身子，背脊一弓，也纵身跃过去了。

松鼠沿着树干飞速地奔跑，貂紧紧地跟在它身后。松鼠的身子非常灵活，不过，貂的身子比它更灵活。

松鼠跑到树梢上了，再也没有地方跑了，旁边也没有其他的树。

眼看貂就要追上它了……

情急之下，松鼠只好从一根树枝跳到另一根树枝上去了，接着它又向下跳去。貂穷追不舍。

松鼠在树梢上跳，貂就在略粗一些的树干上追。松鼠就这样一直跳呀跳，跳呀跳，忽然，前面再也没有树枝可以跳上去了……

下面是地，上面是貂。

没有选择的余地了：它纵身跳到地面上，正准备往远处的树上跑……

只是，一旦到了地面上，松鼠就斗不过貂了。貂两个大跳就把松鼠扑倒在地了，就这样，松鼠成了貂的晚餐了……

兔子的计谋

一只灰兔半夜里偷偷地钻进果园里了。它使劲地啃食着小苹果树的树皮，这种树皮甜极了，天快亮的时候，两棵小苹果树已经被它啃光了。雪块落在它的头上，它也不去理睬，它就这样拼命地啃啊，嚼啊！

村庄里的公鸡叫了 3 遍。狗也开始"汪汪"地叫了。

兔子这才清醒过来，应该在人们还没起床之前，赶紧跑回到森林里去。四周一片白茫茫的，兔子那棕红色的毛皮显得格外耀眼，远远地就能看到它那奔跑的身影。此刻，它最羡慕白兔，白兔全身都是雪白的，多安全呀！

这场刚刚落下来的雪还很暖和，兔子的脚印都留在雪地上了。长长的后腿留下的是长条状的脚印，短短的前腿留下的是小圆圈形的脚印。在这层温暖的初雪上，每一个脚印都能看得清清楚楚的。

灰兔跑过田野，穿过森林，它经过的地方都留下了一连串的脚印。灰兔刚才美美地吃了一顿，如果现在可以在灌木丛中睡上一觉，那该多好啊！然而，令它沮丧的是，无论它跑到哪里，脚印都会出卖它的行踪。

灰兔只好灵机一动：干脆把自己的脚印弄得乱七八糟。

这时，村里的人起床了。果园的主人走到苹果树边一看，我的老天爷啊！好端端的两棵小苹果树的树皮居然被啃

光了。他往雪地里瞧了瞧，恍然大悟：原来是兔子！他握紧了拳头，咆哮着说：等着瞧吧，我要用你的皮来偿还我的损失。

他回到家里。给枪装好弹药，就带着枪出门了。

他沿着雪地里兔子的脚印追过去了。看，兔子跳过篱笆，跑到田野里去了。但是进了森林里，脚印就围着灌木丛兜起圈子来了。这种诡计骗不了我的！我会弄清楚的！

噢，这是第一圈——兔子绕着灌木丛兜了一圈，再横穿过自己的脚印。

嗯，这是第二圈。

果园的主人跟着脚印继续往前追，兔子的诡计被他看穿了。他端好了枪，准备随时开枪。

突然，他停住了脚步。怎么回事啊？脚印没了，四周的雪没有任何痕迹，就算兔子能蹿过去，也应该找得到痕迹啊！

他仔细地看了看那些脚印。噢！这又是一个诡计，兔子沿着原来的脚印跑回去了！不仔细看，还真的看不出来。

果园的主人又顺着重合的脚印往回走。走着走着，他又走到了田野上了。难道还有一个诡计我没有识破？他不禁产生了疑问。

他转过身，又顺着重合的脚印往回走。哈哈！原来是我看走眼了，重合脚印其实很快就中断了。继续往前走，脚印又变成单行的了。看来，兔子是在这里蹿到另一边去了。

真的是这样的：在灌木丛这边的脚印看起来非常均匀。不过，很快脚印又中断了。兔子在越过灌木丛后，又开始使用重合脚印的诡计了。继续往前，兔子是跳着走路的。

现在一定得细心地看……兔子又往旁边跳了一次。这次兔子一定是躺在这个灌木丛底下。你可骗不过我！

是的，兔子就在附近。只不过，不是猎人以为的灌木丛里，而是一大堆枯枝下面。

兔子睡得迷迷糊糊的，但它还是听到了"沙沙"的脚步声，声音在一步一步地靠近……

它抬头一看，两只穿着毡靴的脚就在面前，黑色的枪杆在地面划过。

灰兔偷偷地从它隐蔽的地方钻了出来，像箭似的蹿到枯枝堆后面。它那短小的白尾巴在灌木丛里一闪而过，这次，兔子真的逃走了！

果园的主人只好空着手回家去了。

隐身鸟

我们这里的森林，又来了一个夜强盗——雪鸮。夜里太黑了，要看见它非常难。白天人们也很难将它跟雪区分开来。它常年居住在积雪不化的北极地带，所以，它穿着的服装，也跟北方的白雪是一个颜色的。

雪鸮的体型跟猫头鹰差不多，不过它没猫头鹰那么有力气。大大小小的飞鸟、老鼠、松鼠和兔子都是它的捕食对象。

现在，它的故乡苔原太冷了，小野兽们都躲到洞里去了，鸟儿也飞走了。

雪鹀很久没吃东西了，饥饿迫使它离开故乡，外出觅食。所以，它到我们这里来了。它决定就在我们这里度过这个冬天。

啄木鸟的作业场

我们的菜园后面，耸立着很多老白杨树和老白桦树，还有一棵非常古老的云杉，云杉树上的球果寥寥无几，一只彩色的啄木鸟飞过来啄食球果。

啄木鸟落在树枝上，用长嘴啄下一个球果后，顺着树干往上跳去。它把球果塞在一个树杈的夹缝里，然后开始用嘴啄这个球果，它把球果里的子啄出来，然后就把这个球果扔掉了，它又去采另一个球果了。就这样，啄木鸟一直忙到夜幕降临。

●森林通讯员　勒·库波列尔

向熊请教

为了躲避寒风，熊会在低凹的地方，或者是茂密的小云杉林里安置自己的冬季住宅，它们甚至会在沼泽上安置自己的住宅。令人惊讶的是，如果这年的冬天天气不太冷，有融雪天的话，那么，所有的熊肯定会在地势高的地方冬眠，如小山丘或山冈上，这是历代猎人总结出来的经验。

道理很简单：熊害怕融雪天。也确实有害怕的理由，假如在寒冷的冬天，突然有一股冰冷的雪水流到它的肚皮底下，水再冻成冰，那么，熊那毛蓬蓬的皮外套肯定会冻成铁板，那岂不是很糟糕！那时，熊就不能安稳地睡大觉了，它只好满森林地乱跑、乱跳，好活动活动血脉来取暖！

可是假如不睡觉，而不停地活动，那也很糟糕，那样就会把贮藏在身上的热量给消耗掉，于是熊就必须通过吃东西来补充能量。可是冬天，熊在森林里找不到食物。所以，假如它预感到这年冬天会很暖和的话，它就会给自己选择一个地势高一点的地方安置住宅。

但是，熊究竟是根据怎样的天气预兆，知道这年的冬天是暖和还是寒冷呢？它有什么魔力能在秋天的时候，就准确无误地预见到冬天的天气呢？这些对于我们来说，依旧是个谜。

你可以钻到熊洞里去，去请教一下熊！

计划严密

俄罗斯有句古谚语说："森林是魔鬼，在森林里干活，就是在死亡的边缘上干活。"

古代，伐木工人的劳动是非常可怕的。他们手执斧头，对待绿色的朋友，就像对待险恶的敌人。

知道吗？我们到了 18 世纪才发明了锯子。

所以，樵夫必须拥有健壮的体力，才能长时间地用斧头砍树。他们必须拥有钢铁般的强健体魄，否则，他将无法抵制风雪咆哮的寒冷天气。白天，它们只穿一件单薄的衬衫去干活，晚上，他们在没有烟囱的小屋子里，或者是一间简陋的小草棚里，裹着外套睡觉。

春天，活儿会更重。

冬天伐倒的树木，都得搬运到河边去，河水解冻后，还得把那些沉重的圆木推在河里，让河水把木材运走。当然，大家都知道河水是流往哪个方向的。

木材顺着河水流到什么地方，什么地方的人们就得福了……于是，一座座城市在河的两岸建设起来了。

那么，现代社会的情况是怎么样的呢？

"伐木工人"工作程序已经发生了很大的改变。机器代替了斧头，砍伐树木、削去树枝的工作，已经不再需要用斧头了，机器能做到这一切。甚至包括森林里的道路，也是由机器来开辟和铺平的，道路修好后，机器再顺着这条道路把木材运走。

在森林里工作的履带拖拉机就有那么大的能耐！

在人的指挥下，这个沉重的钢铁巨人，冲进了人无法通行的密林里，犹如割草一般，轻松地放倒了百年大树，然后又轻而易举地把老树连根拔出，放在一旁，接着又推开那些横倒在地上的树，铲平地面，修整出一条宽敞的道路来。

车载的流动发电站，在这条道路上奔驰而过。工人们紧握电锯，走到树木跟前。在他们的身后，蜿蜒着一根根像蛇一样的包橡皮的电线。电锯尖利的钢齿像刀切黄油一般，轻松地锯入了坚硬的木头里。直径有半米的粗树，电锯只需要半分钟的时间，就能把它给锯倒。这可是一棵百年巨树啊！

方圆100米以内的树木都被锯倒以后，车载的流动发电站又驶向前面去了。一辆强大的运树机，占据了车载的流动发电站原来占据的地方，运树机一把抓起几十棵没有削去树枝的大树，拖到运输木材的道路上去了。

大型的运树牵引机，沿着这条路，把木材拖到窄轨铁路边上。在窄轨铁路上，有一个司机驾驶着长长的敞车，一大串的敞车上载满了几千立方米的木材，开向铁路车站或河岸码头的木材加工场。在这里，木材被加工、整理成圆木、木板和纸浆木料。

在现代，运用机器采伐和加工好的木材，会被运送到最遥远的草原上的村庄、城市和工厂等一切需要木材的地方去。

大家都知道，在当代先进的技术条件下，必须严格地按照国家统一的计划来采办木材，否则，我国最富有的森林区，也会迅速变成一片荒漠。因为使用现代技术来摧毁森林，简直易如反掌。然而，森林的成长还是跟过去一样缓慢，至少得需要几十年的时间树木才能成林！

在我国，树木被砍伐后，立马就会营造新林，于是那些空地上种上了名贵的树木。

农庄新闻

今年，我们集体农庄的收成特别好。我省的大部分集体农庄， 1公顷能收1500千克粮食。 1公顷收上2000千克粮食，也很常见。一些优秀的工作队的成绩非常突出，良好的收成使那些先进的工作者们获得了光荣的劳动英雄的称号。

政府非常重视并鼓励田间劳动者们的忘我劳动精神，所以，政府要用光荣的称号和勋章来奖励那些庄员们的成就。

现在，冬天到了。集体农庄田里的工作都忙完了。

妇女们在牛栏里忙活，男人们在搬运给牲畜吃的饲料。有猎狗的人都出去打灰鼠了。还有不少人在森林里伐木呢！

一群灰山鹑飞到了农舍附近。

孩子们蹦蹦跳跳地上学去了。白天，他们还在课余时间布置捕鸟的网子，在小山丘上滑雪，玩雪橇。晚上，他们专心致志地做作业、读书。

咱们比它们聪明

一场大雪过后，我们发现，老鼠在雪底下掘了一条直接通到我们的苗圃地里的地道。不过，我们早就做好预防措施了：我们把每一棵小树周围的雪，都踩得结结实实，这样，老鼠就不能钻到小树跟前来了。有些老鼠碰壁后就钻到雪层的外面来了，结果，没几分钟，它就被冻死了。

喜欢啃食树皮的兔子也经常跑到我们的果园里来。我们也想出了应对的计策：我们用稻草和云杉枝条把所有的小树都包扎起来了。

◉吉玛·布罗客夫

房子吊在细丝上

有一种小房子，吊在细丝上，微风一吹，就摇摇晃晃的。这座房子的墙，只有一张纸那么厚，里面也没有任何防寒设备。待在这种小房子里能过冬吗？

你一定想不到——在这种小房子里，完全可以安稳地度过冬天！我们看到了很多这种设备简陋的房子。它们是用枯叶做成的，被一根根细丝，吊在苹果树枝上。集体农庄的庄员们把它们摘下来烧掉。原来居住在这些小房子里的是苹果粉蝶的幼虫，这是一种害虫。假如不杀死它们，春天一到，它们就会啃坏苹果树的芽和花。

狐狸的颜色

在我们郊区的集体农庄，一个养兽场建立起来了。昨天，运来了一大批棕黑色的狐狸。人们都跑过去欢迎这批新居民，连刚学会跑的学龄前儿童，也跑来观看了。

狐狸胆怯地用怀疑的眼光，打量着这些欢迎它们的人。忽然，有一只狐狸，很平静地打了一个哈欠。

"妈妈！"一个头戴无边帽的小男孩叫道，"千万别碰这只狐狸——它会咬人的！"

温室里的劳动者

在劳动者集体农庄，人们正在挑选小葱和小芹菜根。

工作队长的孙女好奇地问道："爷爷！这是在给牲口准备饲料吗？"

工作队长微笑着说："不是的，孙女儿，你猜错了。我们要把这些小葱和芹菜栽种在温室里。"

"栽种在温室里？为什么？让它们长大吗？"

"不是的，孙女儿。这样我们就能经常吃到葱和芹菜啊！冬天的时候，我们往马铃薯上撒些葱花；用芹菜做汤喝，那样不是很好吗？"

不用盖厚被

上个星期天，一个名叫米克的学生，跑到曙光集体农庄去玩耍了。在树莓旁边，他碰到了工作队长费多谢奇。

"爷爷！您的树莓不会冻坏吗？"米克装作很懂地问道。

"不会冻坏的，"费多谢奇回答，"在雪底下，它可以安稳地过冬。"

"在雪底下过冬？爷爷，您确定吗？"米克连忙问道，"这些树莓比我还高呀！您不会指望着会下那么厚的雪吧？"

费多谢奇回答道："我指望的是普通的雪，机灵鬼，难道你冬天盖的被子，比你站着的时候还要厚吗？没有吧？它只是比着你的身长做的而已。"

"这跟我的身长有什么关系呀？"米克笑着说，"我是躺着盖被子的。爷爷，你懂了吗？我是躺着盖被子的！"

"我的树莓也是躺着盖雪被的啊！当然啦，机灵鬼，你是自己躺到床上去的；我的树莓是由我来把它们一棵一棵弯到地面上去的，我把它们按在一起，绑起来，它们就乖乖地躺在地上了！

"爷爷，您真聪明！比我想象中的还要聪明！"米克说。

费多谢奇打趣地回答道："真遗憾！你没有我想象中的聪明。"

◉尼·巴布罗娃

助手

现在，孩子们每天都在集体农庄的谷仓里帮忙。他们有的帮助挑选春播的种子，有的在菜窖里忙活，挑选最好的马铃薯留种。

马厩和铁工厂里，也有许多男孩子忙活的身影。

不少孩子跑到牛栏、猪圈、养兔场和家禽棚里，帮大人们做一些简单的活。

我们可以在课余帮助家里做一些农场的工作。

●大队委员会主席　尼古拉·李华诺夫

城市新闻

华西里岛的乌鸦和寒鸦

涅瓦河冰冻了。每天下午 16 时，华西里岛的乌鸦和寒鸦都会聚集在斯密特中尉桥下游的冰上。

鸟儿们嘈杂着搅和了一阵之后，分成几个群体，飞回到了华西里岛上的花园里去过夜了。每一群鸟分别住在它们十分喜欢的花园里。

侦察兵

城市里的果园和坟场的灌木和乔木，都需要人们的保护。不过，它们的敌人，连人类都难以对付。那些敌人非常狡猾，体型又小，人的眼睛要发现它们非常不容易。园丁们拿它们没办法，只好找一批专门的侦察兵来当助手。

侦察兵的队伍经常出现在果园和坟场的上空。

头上带有红色帽圈的彩色啄木鸟是它们的首领。啄木鸟的嘴像一根长枪，能啄到树皮里。它们时不时地大声发出口令："快克！快克！"

各种山雀跟着啄木鸟飞过来了：有戴尖顶高帽的凤头山雀，有头戴小尖锥帽子的胖山雀，还有浅黑色的莫斯科山雀和浅褐色的旋木雀——旋木雀的嘴巴像锥子；还有穿着天蓝色制服的鳾，它的胸脯非常白，嘴巴尖利得像一把短剑。

啄木鸟又开始发口令了。鳾和山雀们跟着发出了清脆的啼叫声，它们在回应它们的首领。

很快，树干和树枝都被侦察兵们占据了。啄木鸟啄开树皮，用它那又尖又硬的针形舌头从树皮里钩出蛀皮虫。鳾注视着树干和树枝，它转来转去，只要一发现树皮缝隙里的昆虫或幼虫，就用它那柄锋利的"小短剑"刺进去。旋木雀在下面的树干上奔跑，它用那锥子似的嘴巴戳击着树干。成群的灰山雀在树枝上活蹦乱跳。它们锐利的双眼能观察到每一个小洞和每一条小缝隙，再加上它那灵巧的小嘴，那些小害虫休想逃脱！

陷阱饭厅

冬天到了，我们那美妙的鸣禽开始挨饿受冻了。让我们多关心关心它们吧！

假如你家有花园或者小院子，这些可怜的鸟儿就一定会飞到你家去的。那么，请你在它们遭遇饥荒的时候喂给它们一些食物吧！这个季节是严寒和风暴侵袭的季节，建议你最好给它们安置防寒设备，方便它们做巢用。假如你想引一两只可爱的鸟儿居住在你家院子里，那么，你最好赶紧去准备一个小屋子，你只需要造这么一间小屋子，就可以当场捉住那些可爱的小家伙。

　　你可以请小家伙在小屋子的露台上免费享用你准备的麻籽、大麦、小米、面包渣、碎肉、生猪油、奶酪、葵花子等！哪怕你居住在大都市里，也会有可爱的小家伙，光临你的小屋子并啄食这些食物。

你可以用一根细铁丝或者细绳子拴在小屋子的露台上那扇能闭合的小门上，另一头穿过小窗户，通到你的房间里来。这样一来，你就可以非常方便地帮助鸟儿把门关好：你只要拉一下铁丝或绳子，小门就会"砰"的一声合上了。

还有一个更好的办法！给捕鸟房通上电。

提醒你一下，在夏天的时候，你千万别去捕鸟，因为你要是把大鸟捉走了，"嗷嗷"待哺的雏鸟就只能活活地饿死了。

追猎

秋天，我们可以去打小毛皮兽。 11月的时候，这些小毛皮兽的毛已经长齐了，它们脱下了薄薄的夏服，换上了一身既蓬松又暖和的冬衣。

猎灰鼠

一只小灰鼠没什么了不起？

但是，在我们的狩猎事业中，灰鼠是最重要的野兽。单说灰鼠尾巴，我们国家每年就得消耗几千捆。灰鼠的尾巴，华丽又暖和，可以做帽子、衣领、耳套以及其他防寒用品。

去掉尾巴的毛皮，用途也很广泛。灰鼠皮可以做大衣和披肩，用灰鼠皮制作的淡蓝色女大衣，既漂亮又轻便，还十分暖和。

初雪过后，猎人们就出去猎灰鼠了。在灰鼠多并且容易打到的地方，你甚至可以看到老头儿和 12 至 14 岁的小少年。

猎人们有的成群结队，有的独自行动，他们通常会在森林里待上好几个星期。他们套上又短又宽的滑雪板，一整天地在雪地上奔波，他们用枪打灰鼠，或者布置和查看捕鼠机和陷阱。

晚上，他们有的住在土窑里，有的住在矮小的房子里，这种房子经常被积雪掩埋了。一种像壁炉似的土炉子是他们做饭的工具。

北极犬，是猎人猎灰鼠的首选伙伴。没有北极犬的猎人，就等于没有一双锐利的眼睛。

北极犬是北方的一种特别的猎狗。冬季，北极犬在森林里协助猎人打猎的本事，绝对是猎狗里的冠军。

北极犬会帮你找到白鼬、鸡貂和水獭的洞穴，还会帮你咬死这些小野兽。夏天，北极犬会帮你把野鸭从芦苇丛中赶出来，把琴鸡从密林中赶出来。北极犬不怕水，即使是冰冷的河水，它们也不会害怕，它会跳进有薄冰的河里游水，帮你把打死的野鸭叼到岸上来。秋天和冬天，北极犬将是你成功猎取松鸡和黑琴鸡的得力助手，普通的猎狗学不会伫立凝视这种打猎的技巧的——而北极犬会蹲在树下，对着这两种野禽"汪汪"地大叫，以此把它们的注意力都吸引到自己的身上来。

冬天，你带上北极犬去打猎，它还能帮你找到麋鹿和熊。

假如突然有凶猛的野兽袭击你，你忠实的朋友北极犬，也绝不会弃你而去的。它一定会从猛兽的身后咬住它

们，好让主人来得及装上弹药，打死猛兽；它甚至会拼命与猛兽搏斗，以此保护主人的性命。但是，最让人觉得不可思议的是，北极犬能帮助猎人找到灰鼠、貂、黑貂、猞猁等住在树上的野兽。而这是任何其他品种的猎狗所办不到的。

深秋或者冬天，你走在云杉林、松树林或混合林中，到处都是一片寂静，看不到任何晃动或闪现的身影，也听不到任何飞禽或走兽的鸣叫声，整个林子犹如死灰一样寂静。

但是，假如你带上一只北极犬走进森林里，你一定不会有这种感觉。藏在树根下的白鼬会被北极犬看到；洞里的兔子也被北极犬撵出来了；它还能顺便一口咬住一只林鼩鼠；那些擅长"隐身"的灰鼠，不管它们躲在哪个浓密的松枝间，北极犬也会发现它们的藏身之处。

北极犬不会飞，也不会爬树，而灰鼠也不会掉到地上来，那么，它是如何找到灰鼠的呢？

捕捉猎物的波形长毛猎狗和追踪兽迹的凫猩之所以能那么厉害，靠的就是它们那灵敏的嗅觉。这两种猎狗的基本"工具"就是鼻子。即使它们的眼睛和耳朵不怎么好使，它们照样能出色地完成任务。

然而，我们的北极犬却能同时运用 3 种工具：灵敏的嗅觉、锐利的眼睛和机灵的耳朵。这 3 种工具实在太好用了，简直就是它的 3 个仆人。

树上的灰鼠只要用爪子抓一下树干，北极犬那机警的耳朵就会立马告诉主人："这里有小野兽！"只要灰鼠的小脚爪在针叶间一闪而过，北极犬的眼睛就告诉主人："它在这里！"轻风吹过，把灰鼠的气味吹到下面的时候，北极犬的鼻子也会立马告诉主人："它在那里！"

依靠这 3 个忠实的仆人，北极犬发现了小野兽，它立马就会叫它的第四个仆人——声音——去为猎人传达信息。

一只好的北极犬发现猎物后，绝不会往那棵树上扑，也不会用爪子抓树干，它知道，这样会把隐藏在树上的猎物给吓跑。所以，面对这种情况，它会蹲在树下，目不转睛地盯着猎物藏身的地方，它的耳朵时刻竖直着，仔细聆听着，还不时地叫上几声。主人没有到达，或者主人不叫它离开，它就一定不会离开。

这样一来，猎人就能轻而易举地击中灰鼠了。打灰鼠的过程相当简单：北极犬找到灰鼠后，吸引灰鼠的整个注意力。猎人只要悄悄地走过来，不发出剧烈的声响，瞄准开枪就可以了。

实际上，用霰弹打灰鼠非常难。不过，猎人可以用小铅弹，最好是击中它的头部，这样有助于保全灰鼠的皮毛。冬天，受伤的灰鼠不大容易死掉，所以，一定要一枪瞄准并击中要害。否则，你只能眼睁睁地看着它跳到浓密的针叶丛中，就再也找不着它了。

猎人们还喜欢用捕鼠机和别的捕兽器捕捉灰鼠。

制作和安置捕鼠器的方法是这样的：拿两块短的厚木板，装在两棵树干的中间。两块木板之间撑上一根细棒，支着上面的板，不让它掉下来，再把香喷喷的诱饵系在细棒上。灰鼠一拉诱饵，上面的木板就会砸下来，把它夹住。

只要雪不太深，整个冬天猎人们都会去打灰鼠。到了春天，灰鼠就开始脱毛。在深秋以前，猎人们是不会去捕捉它们的，因为此时，它们那华丽的淡蓝色毛皮还没有长成呢！

带着斧头去打猎

猎人们在打凶猛的小毛皮兽时，通常都会用斧头，反而不怎么用枪。

北极犬靠嗅觉找到洞里的鸡貂、白鼬、伶鼬、水貂，或者水獭。接下来就要靠猎人自己把小兽从洞里撵出来，而这不是一件简单的事情。

这些凶猛小兽的洞穴，就设在地底下、乱石堆里和树根下。当它们感到危险的时候，不到万不得已，它们是不会离开自己的掩蔽所的！猎人只好用探针或者铁棍，伸进洞里去搅动，或者用手搬开石头，用斧头劈开粗大的树根，敲碎冻土，还会用烟熏，把小兽从洞里熏出来。

只要这些小野兽一跳出来，它就逃不掉了。北极犬绝不会放过它们的，甚至会把它们活活咬死。另外，猎人也不会放过它们的。

猎貂记

猎貂不是一件容易的事情。尽管很容易就能找出它捕食鸟兽的地方：雪地被踩得稀巴烂，还有斑驳的血迹。但是，要找到它在饭后的藏身之地，就需要一双非常锐利的眼睛了！

貂在空中奔跑：从一根树枝跳到另一根树枝，从这棵树跳到那棵树，灵活得像一只灰鼠似的。然而，它跳过的地方，都会留下痕迹——折断了的小树枝、脚爪抓下来的小块树皮、从它身上蹭下来的绒毛、球果等。有经验的猎人，能根据这些痕迹来推断貂的行踪。有时它会跑上好几千米长的路线。一定要仔细，这样你才能准确无误地跟踪它，顺着"线索"找到它。

塞索伊奇第一次追踪貂的时候，没有带猎狗，他要只身追那只貂。

他穿着滑雪板走了很长时间。有时他很自信地往前跑，因为那里有貂降落到雪地上的脚印。有时他慢慢地向前走，仔细地观察貂一路留下的、细微的痕迹。那天，他不停地抱怨，后悔没有把他的北极犬带出来。

夜幕降临，塞索伊奇还在森林里。

他升起了一堆篝火，从怀里掏出一块面包来吃，不管怎样，等熬过这漫长的冬夜再说。

清晨，塞索伊奇继续跟踪貂的痕迹，他来到了一棵粗大的云杉树前。运气真好！塞索伊奇发现这棵树的树干上有一个树洞。貂肯定是在躲在这个洞里过夜的，而且它好像还在睡梦中。

塞索伊奇拉开枪栓，右手握枪，左手举起一根树枝敲了一下树干，然后迅速扔掉树枝，准备开枪。

可是貂没有跳出来。

塞索伊奇又捡起树枝狠狠地敲了一下，接着又使劲地敲了一下。

貂还是没有蹿出来。

"看来，它睡得太熟了！"塞索伊奇有些懊恼地自言自语着，"快醒来吧！瞌睡虫！"

塞索伊奇有些不耐烦了，他又举起树枝拼命地敲了一下树干，声音在林子里回响着。

原来这里根本就没有貂。

直到这时，塞索伊奇才想起来应该认真地检查一下这棵云杉周围的痕迹。

这是一棵空心的枯树，树干另一边的枯树枝下还有一个洞口。树枝上的雪已经被碰掉了，很明显，貂从这个洞口溜走了，逃到旁边的树干上去了。粗大的树干挡住了塞索伊奇的视线，他没有注意到。

塞索伊奇没有别的办法，只能继续往前追。

这一整天，他一直都在追踪。

最后，塞索伊奇终于找到了一丝痕迹，这分明显示着，貂就在附近。这时，天已经黑了，他找到一个松鼠洞，那里有貂赶走了松鼠的痕迹。显而易见，貂一直在追这只松鼠，最后，松鼠大概是筋疲力竭了，它没有跳过那些树干，从树上摔落了下来，于是貂一个猛扑，就追上它了。就是在这块雪地上，貂把松鼠吃掉了。

是的，塞索伊奇跟踪的道路是正确的。但是，他已经没有力气再追下去了。从昨天起，他就没有吃过任何东西。身上那点仅有的面包屑也早吃完了，天气又那么寒冷，继续在森林里过夜，肯定会被冻死。

塞索伊奇懊恼极了，他痛骂着，沿着来的路往回走。他心里想，只要让我碰到那个家伙，我再放它一枪，那么，什么问题都能解决了！

塞索伊奇走到了那个松鼠洞边，愤愤地拿下肩上的枪，不管三七二十一，就朝松鼠洞开了一枪。他只是想发泄一下心头的怒火。

枪声震落了树上的一些树枝和苔藓，不过，在那些东西落下来之前，竟有一只细长的、毛茸茸的貂掉在他的脚跟前，塞索伊奇大吃一惊，这只貂在临死前，还抽搐了几下呢！

后来塞索伊奇才知道，貂有这样一个习惯：它把松鼠捉住吃完以后，通常会钻进被吃掉的松鼠的暖和的窝去，它蜷起身子，舒舒服服地在那里睡大觉呢！

白天和黑夜

12月，松软的白雪已经能没住膝盖了。

傍晚，黑琴鸡呆呆地站在光秃秃的白桦树上。玫瑰色的天空因此被点缀上了一些黑斑点。不一会儿，它们又突然陆陆续续地扑到雪地里去了，然后不见了。

没有月亮的夜晚降临了，到处一片漆黑。

塞索伊奇走到了黑琴鸡失踪的空地上。他手里拿着捕鸟网和火把。浸过树脂的亚麻杆燃烧着，照亮了附近的夜空。

他机警地向前走着。

忽然，在离他几步远的前面，有一只黑琴鸡从雪底下钻出来了。火焰太明亮了，照得它双眼有些花，它就像一只庞大的黑甲虫一样在原地打转转。塞索伊奇赶紧把它罩在网里。

就是用这个办法，塞索伊奇活捉了好多黑琴鸡。不过，要是在白天，他就会乘着雪橇，用枪打那些黑琴鸡。

奇怪的是，落在树顶上的黑琴鸡绝不会被猎人击中。但是，假如同一个猎人，乘着雪橇过来，那么黑琴鸡总是逃脱不了，哪怕那个雪橇的目标很大——上面还装满了货物呢！

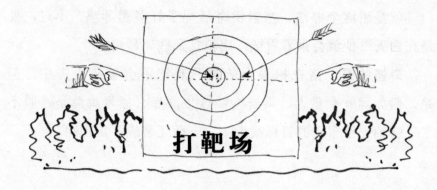

打靶场

第九场竞赛

1. 虾在哪里过冬？

2. 在冬天，寒冷和饥饿，鸟儿更害怕哪一种？

3. 假如兔子的毛皮很晚才变白，那么，这年冬天来得早，还是晚？

4. "啄木鸟的工作场"是什么？

5. 在我们这里，只有冬天才会出现这种夜强盗，请问它是什么？

6. "兔子的旁跳"是什么意思？

7. 在秋天和冬天，乌鸦在哪里睡觉？

8. 最后一批鸥和野鸭，什么时候离开我们？

9. 在秋天和冬天，啄木鸟和哪些鸟儿结成一伙？

10. 猎人们跟踪兽迹时所说的"拖迹"是什么意思？

11. 在白天和夜里，猫的眼睛是一样的吗？

12. 猎人们跟踪兽迹时所说的"双重迹"是什么意思？

13. 猎人们跟踪兽迹时所说的"雪上兔迹"是什么意思？

14. 什么动物在冬天尾巴是尖的，而且全身变白了？

15. 这幅图显示的分别是食草动物和食肉动物的头骨，请根据牙齿辨别。

16. 没手没脚到处跑，不管你欢迎不欢迎，见到门窗就敲打。（谜语）

17. 一个东西地上躺，两盏灯儿闪亮亮，四条曲棍分开放。（谜语）

18. 比煤灰还要黑，比白雪还要白，有时比房子高，有时还没有青草高。（谜语）

19. 这个大汉真厉害，背着靴子走世界，靴子越重他越开心。（谜语）

20. 一个大块头，院子当中站；前面有把叉，后面拖扫帚。（谜语）

21. 一个东西咸咸的，生在水里最怕水。（谜语）

22. 天天地上走，两眼不上看，根本就不痛，可是老哼哼。（谜语）

23. 一所绿房子，没有门和窗，却住满了小人儿。（谜语）

24. 这种小球真厉害，长大了就要出叶丛，放在手掌上就打滚，放到嘴里就咔嘣。（谜语）

通 告

第八次测验题

"神眼" 称号竞赛

这是谁干的?

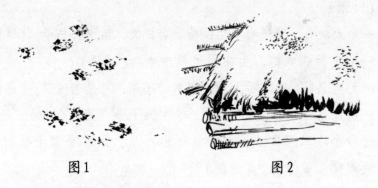

图1   图2

1. 图1里是什么动物的脚印?

2. 图2中什么动物老是在屋顶的上空打转儿? 它为什么要这样做?

图3   图4

3. 图3雪里的这个小圆洞是什么? 什么动物在这里过夜了? 留下来的

是哪些动物的脚印和羽毛？

4. 看图4，这里发生了什么事？为什么有那么多的脚印？树枝间的犄角是什么动物的犄角？

赶紧给鸟儿开办免费食堂

我们可以用绳子把一块小木板吊在窗外。把一些面包屑、干蚂蚁卵、面虫、蟑螂、大麻子、山梨果、蔓越橘、白球花果、小米、燕麦、牛蒡子、煮熟的蛋屑和奶渣等撒在小木板上。

如果能在树上安置一只饲料瓶，在瓶子下面装上一小块木板的话那会更好。

最好是在园子里安放一张饲料桌，然后在上面搭一个屋顶，防止雨雪落到小桌子上。

赶紧帮助饥饿的鸟儿吧

我们的小朋友鸟儿遇到困难了。这是它们的饥荒时期。请你不要等到春天，现在就给它们搭好一些温暖的小房子吧，树洞、人造椋鸟房或者是小板棚都可以。这样，它们就能躲避北风和寒雪了。有的时候它们为了躲避致命的坏天气，就会钻到人们的屋檐下或门洞里过夜。有一只小鹪鹩，居然钻到村子里木柱上的一个邮箱里去过夜了。

最好在椋鸟房和树洞里铺上绒毛、羽毛和破布什么的柔软东西，这样，鸟儿们就能享受温暖又舒适的褥子和被子了。

打 靶 场 答 案

"神眼" 竞赛答案及
解　释

打 靶 场 答 案

请核对你的答案有没有射中目标

第七场竞赛

1. 从 9 月 21 日，秋分日算起。

2. 雌兔。最后一批小兔叫做"落叶兔"。

3. 山梨树、白杨树、槭树。

4. 不是所有的候鸟都向南飞。例如靴
   篱莺、沙雀和鹡，它们离开我们，
   经过乌拉尔山，飞到东方去。

5. "犁角兽"的名称是因为老麋鹿的
   角很像木犁。

6. 防备兔子和鹿。

7. 雄黑琴鸡。它们在春秋两季就是"咕噜咕噜"地叫着。

8. 生活在地上的鸟，脚为了适应走路，所以脚趾张得很大，它
   们是双脚轮换着走路的，所以，它们的脚印是一条线。生活
   在树上的鸟，脚需要抓树枝，所以脚趾挤得非常紧。它们在
   地上是双脚一起跳动着走，所以它们的脚印是两行线。

9. 鸟儿飞走的时候再开枪最好，那样，枪弹一射出去，就能打
   到鸟的羽毛里去。在鸟儿飞过来的时候射击，枪弹很容易在
   非常紧密的羽毛上滑掉，这样射击的效果不好。

10. 这说明森林里的某个地方有动物的尸体，或者是受了伤的动物。

11. 因为在这个地方，鸟妈妈将孵出一窝雏鸟。如果打死了鸟妈妈，野禽就会搬走。

12. 蝙蝠。它的长脚趾上有蹼膜。

13. 在第一次寒流侵袭的时候，它们大多数都死了。也有一部分钻到树木或水栅栏或木屋的缝隙里，它们在那里过冬。

14. 在晚霞中，脸朝西方——太阳落下的方向，会看得更清楚。

15. 猎人没打中它的时候。

16. 秋播谷物：今年播种，明年收割。

17. 金腰燕。

18. 树叶。

19. 雨。

20. 狼。

21. 麻雀。

22. 白蘑菇。

23. 夏天，桑悬钩子；秋天，榛子。

24. 稻草人。

第八场竞赛

1. 上山快。兔子的前腿短，后腿长，所以上山跑得更轻快一些。下山的话，它很容易翻跟斗打滚。

2. 鸟巢。夏天树叶茂盛遮住了鸟巢。等树叶一落，就很容易看到这些鸟巢了。

3. 松鼠。

4. 水老鼠。

5. 这种鸟很少。猫头鹰把死老鼠藏到树洞里；松鸦把坚果藏到树洞里。

6. 蚂蚁把窠的所有进出口封死，然后挤成一团过冬。

7. 空气。

8. 黄色或者褐色——乔木、灌木和草的颜色。

9. 秋天。因为秋天它容易发胖，有一层厚厚的脂肪，羽毛也很浓密，这些脂肪和羽毛能保护它防御猎枪的霰弹。

10. 蝴蝶的。

11. 蜘蛛不是昆虫。蜘蛛有 8 只脚，昆虫只有 6 只脚。

12. 到水里去，躲在石头下面，躲在坑里，淤泥里或者是苔藓下面，或者钻到地窖里去。

13. 每一种鸟的脚的形状，都有它适应生活条件的原因。生活在地上

的鸟，脚为了适应走路，脚趾是直的，张得很开，脚生得很高。生活在树上的鸟，脚需要抓树枝，所以它的脚趾弯曲，并且挤得非常紧。它们的脚有非常强的攀附能力。水禽的脚为了适应游水，要像桨一样，所以鸭子脚趾之间的蹼膜是连在一起的，鸊鷉的脚趾上，也有很硬的瓣膜，这能帮助它的脚在水里划行。

14. 田鼠的脚；就像鱼鳍适应划水一样，它的脚要适应挖土。

15. 长耳鸮竖起的两簇羽毛是假"耳朵"。真正的耳朵在两簇羽毛的下面。

16. 从树上落下来的叶子。

17. 河。河上的泡沫。

18. 莎草。

19. 地平线。

20. 过第四年。

21. 鸭子、鹅。

22. 亚麻。

23. 公鸡。

24. 鱼。

第九场竞赛

1. 在河边、湖边的洞里。

2. 鸟最怕饥饿。只要那个地方有东西吃，又不是特别寒冷的话，它们就会在那里过冬。

3. 晚冬。

4. 啄木鸟把球果塞在大树或树墩的树缝里，用嘴巴给球果加工。这种树或树墩就被称为是"啄木鸟的作业场"。在这种"作业场"下面的地上，通常都堆积了很多被啄木鸟啄坏的球果。

5. 北方的雪鹀。

6. 指兔子从一连串的脚印中向旁边跳开。

7. 在果园里、丛林里、树上。在那些地方，从傍晚起，就聚集着一大群的鸟儿。

8. 当最后一批湖泊、池塘和河流结冻的时候。

9. 啄木鸟和一大群山雀、旋木雀、鸸结成一伙。

10. "拖迹"就是野兽从雪地里拖出腿的时候，连带着拖出了一些雪，在雪上留下了爪印。

11. 不一样。白天，在阳光下，猫的瞳孔很小；晚上，猫的瞳孔就开始变大了。

12. 兔子来回跑了两趟的脚印。

13. 兔子印在雪地上的脚印。

14. 貂。

15. 食肉兽的颚骨，可以根据它那特别突出的长犬齿辨认；食肉兽用犬齿撕开肉。食草动物的犬齿不怎么突出，但是门牙很有力气。

16. 风。

17. 狗睡觉，眼睛放光，脚张开。

18. 盐。

19. 喜鹊。

20. 身背猎物、带着枪杆子的猎人。

21. 公牛。

22. 猪。

23. 黄瓜。

24. 榛子。

"神眼" 称号竞赛答案及解释

第六次测验

图1：野鸭到过这个池塘。你仔细看看水面沾着露水的蒲草和浮萍，中间有一条条的痕迹，这是野鸭聚集在这里活动过的痕迹。

图2：离地面近的那一段白杨树皮，是被兔子啃掉的。兔子只能啃到离地面近的树皮。离地面高的地方是麋鹿干的，它把细嫩的树枝咬断后吃了。

图3：小十字是爪印，黑点子是钩嘴鹬跑到林中的道路上来了，它沿着水洼淤泥岸边寻找食物呢。

图4：这是狐狸干的。狐狸捉住刺猬后，把它弄死，然后从没有刺的肚子开始把刺猬吃得干干净净的，只剩下刺猬的整个外皮。

第七次测验

1. 这是交嘴鸟做的。它们用爪子抓住树枝，啄下球果，再从球果里啄出一些云杉子，然后把球果丢掉了。

2. 在地上，松鼠把交嘴鸟吃剩的球果捡了起来，跳到树墩上，把它吃完，吃得只剩下球果的核。

3. 林鼩鼠吃榛子的时候，在榛子壳上啃个小洞，再从这个小洞里啄食榛子。松鼠吃榛子是连皮带壳一起吃掉。

4. 是松鼠在树上晾晒蘑菇。它把蘑菇晾干了储藏起来，等到没有东西吃的时候，再吃这些储藏好的食物。

5. 这是啄木鸟做的。它像医生给病人听诊那样，把树里的害虫幼虫给啄了出来。它围着树干跳着移动，用它那坚硬的尖嘴在树干上凿出一圈小洞。

6. 金翅雀最喜欢牛蒡的头状花。

7. 这是熊做的。它用爪子把云杉树皮一条条剥下来，拖到洞里做床垫，好在冬天睡一个暖和舒适的大觉。

8. 这是麋鹿做的。它在那里待了很久，周围的树木都是它的食物：它推倒了小白杨、小赤杨和小花楸树，还把它们啃掉了；有些大树，它只吃它们的嫩枝梢儿，它把弄断的树梢全吃了。

第八次测验

1. 这是狗追白兔的脚印。兔子一蹦一跳就留下了这些脚印。后面的偏斜的脚印是狗留下的。

2. 夜里，林鸮鸟在屋顶上。它在那里守望，看是否有老鼠经过？它在那里待了很长时间，不停地向四面转动，踱着步伐，所以才留下了很多星星一样的脚印。

3. 是黑琴鸡在这里的雪底下住了一晚。在这个雪卧室里它们留下了一些羽毛和痕迹；离开的时候，留下了一个个窝窝。

4. 什么特别的事也没发生。只不过有一只麋鹿在这里待了一会儿。它正在换犄角，所以它总是站在一个地方转来转去，用犄角在树上摩擦。后来，一个犄角终于磨断了，卡在树枝上。在春天到来之前，麋鹿会长出新的犄角来。